DE LA CIRCULATION DE L'EAU

CONSIDÉRÉE COMME MOYEN DE

CHAUFFAGE ET DE VENTILATION

DES ÉDIFICES PUBLICS,

PAR

J.-CH.-M. BOUDIN,

Médecin en chef de l'Hôpital militaire du Roule,
Officier de la Légion d'honneur.

Avec une planche.

PARIS.

CHEZ J.-B. BAILLIÈRE,

LIBRAIRE DE L'ACADÉMIE NATIONALE DE MÉDECINE,
Rue Hautefeuille, 19.

1852.

DE LA

CIRCULATION DE L'EAU

CONSIDÉRÉE COMME MOYEN DE

CHAUFFAGE ET DE VENTILATION

DES ÉDIFICES PUBLICS.

On trouve à la même Librairie les ouvrages suivants de M. Boudin.

Carte Physique et Météorologique du Globe Terrestre, comprenant la distribution géographique de la Température, des Vents, des Pluies et des Neiges. Adoptée par le Ministère de la Marine. Seconde édition, corrigée et augmentée. Paris, 1852. Une feuille grand colombier. 6 fr.

Carte des Courants Maritimes et de la Température des Mers. Une feuille grand-colombier. Paris, 1852. 5 fr.

Carte Botanique du Globe Terrestre, comprenant la distribution géographique des Peuples. Une feuille grand-colombier. Paris, 1852. 5 fr.

Chaque Carte, collée sur toile, 1 fr. 25 c. en sus.

De la Circulation de l'Eau, considérée comme moyen de Chauffage et de Ventilation des Édifices publics. Avec une planche. Paris, 1852. 3 fr.

Études sur le Chauffage, la Réfrigération et la Ventilation des Édifices publics. Avec une planche. Paris, 1850, in-8. 2 fr. 50 c.

Recherches sur l'Éclairage. Paris, 1851, in-8. 1 fr. 25 c.

Études sur le Pavage, le Macadamisage et le Drainage. Paris, 1851, in-8. 1 fr. 25 c.

Études de Pathologie comparée des Races humaines. Paris, 1849, in-8. 3 fr.

Essai sur les Lois pathologiques de la Mortalité. Paris, 1848, in-8. 1 fr. 50 c.

De l'Homme Physique et Moral, dans ses rapports avec le double mouvement de la Terre Paris, 1851, in-8. 2 fr. 50 c.

Du Typhus cérébro-spinal (Méningite cérébro spinale épidémique). Paris, 1849, in-8. 3 fr.

Études sur la Mortalité et l'Acclimatement de la population française en Algérie. Paris, 1847, in-8. 1 fr. 50 c.

Études statistiques sur les lois de la Population. Paris, 1850, in-8. 1 fr. 50 c.

Statistique de l'état sanitaire et de la Mortalité du Cheval de Cavalerie. Paris, 1850, in-8. 1 fr. 50 c.

Études sur le Recrutement de l'armée. Paris, 1849, in-8. 3 fr.

Hygiène militaire comparée et Statistique médicale des Armées de Terre et de Mer. Paris, 1848, in-8. 3 fr. 50 c.

Statistique de l'état sanitaire et de la Mortalité des Armées, considérées dans des conditions variées de Temps et de Lieux, d'Age, de Race et de Nationalité. Paris, 1846, in-8. 3 fr. 50 c.

Études sur la Thoracentèse. Paris, 1849, in-8. 1 fr. 50 c.

Colonisation française en Algérie. Paris, 1848, in-8. 1 fr. 50 c.

Lettres sur l'Algérie. Paris, 1848, in-8. 2 fr.

Études de Géographie médicale. Paris, 1846, in-8. 2 fr.

Études de Géologie médicale. Sur la Phthisie pulmonaire et de la Fièvre typhoïde, dans leurs rapports avec les localités marécageuses. Paris, 1845, in-8. 2 fr. 50 c.

Essai de Géographie médicale. Paris, 1843, in-8. 3 fr.

Traité des Fièvres intermittentes, rémittentes et continues des Pays chauds et des Contrées marécageuses, suivi de Recherches pratiques sur l'emploi des Préparations arsenicales. Paris, 1842, in-8. 5 fr.

Recherches sur la production et la consommation de la Viande en Europe. Paris, 1850, in-8. 1 fr. 50 c.

DE LA

CIRCULATION DE L'EAU

CONSIDÉRÉE COMME MOYEN DE

CHAUFFAGE ET DE VENTILATION

DES ÉDIFICES PUBLICS,

PAR

J.-CH.-M. BOUDIN,

Médecin en chef de l'Hôpital militaire du Roule,
Officier de la Légion d'honneur.

Avec une planche.

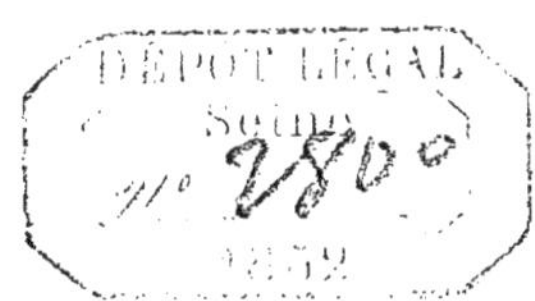

PARIS.

CHEZ J.-B. BAILLIÈRE,

LIBRAIRE DE L'ACADÉMIE NATIONALE DE MÉDECINE,

Rue Hautefeuille, 19.

1852.

EXTRAIT DES

ANNALES D'HYGIÈNE PUBLIQUE ET DE MÉDECINE LÉGALE, 1852, tome XLVII. Journal rédigé par MM. Adelon, Andral, Bayard, Boudin, Brierre de Boismont, Chevallier, Devergie, Gaultier de Claubry, Guérard, Kéraudren, Leuret, Orfila, Amb. Tardieu, Trébuchet, Villermé; publié depuis 1829, tous les trois mois, par cahiers de 250 pages avec planches. — Prix de l'abonnement par année, 18 francs; *franco* pour les départements, 21 francs.

A Paris, chez J.-B. Baillière, 19, rue Hautefeuille.

Paris. — Imprimerie de L. MARTINET, rue Mignon, 2.

DE LA

CIRCULATION DE L'EAU

CONSIDÉRÉE

COMME MOYEN DE CHAUFFAGE

ET DE VENTILATION.

Il se passe depuis quelque temps, dans un des hôpitaux de Paris, un fait d'une haute signification. L'hôpital Beaujon, situé dans un des quartiers les plus salubres, se compose de quatre pavillons dont les salles, identiques sous le rapport de la capacité, se ressemblent aussi quant à la qualité des malades qu'elles reçoivent. Or, tandis que les érysipèles, les inflammations couenneuses et la pourriture d'hôpital règnent avec plus ou moins d'intensité dans trois des pavillons, le quatrième est resté jusqu'ici complétement épargné.

A quelle cause faut-il rapporter une telle immunité qui dure déjà depuis plusieurs mois? Les trois pavillons envahis ne sont point ventilés ; dans le pavillon épargné, au contraire, fonctionne un système de ventilation en vertu duquel chaque malade reçoit au delà de 50 mètres cubes d'air pur par heure. Là nous paraît devoir être cherchée la cause principale de la différence dans la salubrité relative des salles. Peut-être le fait important que nous signalons n'a-t-il pas été complétement étranger au concours institué récemment par l'administration de l'assistance publique, pour le chauffage et la ventilation de l'hôpital dit de la République. Ce concours est lui-même un événement, autant par sa nouveauté que par quelques unes des conditions stipulées dans son programme dont nous donnons ici un extrait :

Les appareils proposés pour le chauffage de l'hôpital de la République devront fournir les résultats suivants :

1° Une température constante de 15 degrés pendant toute l'année, le jour et la nuit (1), dans les salles de malades et les chambres occupées par les sœurs ;

2° Une température de 15 degrés pendant toute l'année, mais le jour seulement, dans les chauffoirs et dans les offices ;

3° Une température de 10 degrés toute l'année, le jour et la nuit, dans les escaliers des pavillons de malades ;

4° Une ventilation continue d'air chaud pendant l'hiver et d'air froid dans la saison chaude, à raison d'au moins 20 mètres cubes par lit et par heure dans les salles de malades ;

5° Une ventilation, pendant le jour seulement, dans les chauffoirs, à raison de 10 mètres cubes par lit du pavillon correspondant ;

6° Une ventilation dans les cabinets d'aisances, suffisante pour qu'en aucun cas ces cabinets ne puissent dégager de mauvaise odeur, et sans qu'il puisse s'y établir de courant d'air nuisible à la santé des malades ;

7° Les appareils de ventilation devront avoir un excès de puissance suffisant pour que l'on puisse produire, dans toutes les salles ou partiellement, une ventilation double de celle qui a été précédemment indiquée, dans le cas où quelque grande épidémie forcerait d'augmenter le nombre des lits ;

8° Les orifices d'arrivée de l'air devront avoir une section suffisante pour que l'air n'arrive dans les salles qu'avec une faible vitesse, et à une température qui n'excédera pas 70 degrés ;

9° L'air devra arriver dans les salles à un degré hygrométrique convenable, que l'on pourra modifier à volonté ;

10° Une disposition spéciale devra permettre d'opérer le refroidissement artificiel de cet air, si cela était nécessaire dans les grandes chaleurs ;

(1) Il est évident que l'idée de chauffer et de ventiler *pendant la nuit* est empruntée à M. Léon Duvoir, à qui l'art du chauffage et de la ventilation est redevable de tant de progrès.

11° Les appareils de chauffage général, ou des appareils spéciaux, devront fournir une quantité d'eau chaude suffisante pour tous les besoins des salles, et maintenir à une température convenable des poêles à étuve disposés dans les offices de chaque étage ;

12° Un foyer pouvant produire un feu vif, isolé ou dépendant des appareils à étuves des offices des étages supérieurs, sera établi dans chaque office du rez-de-chaussée ;

13° Les appareils de chauffage et de ventilation seront disposés de telle façon que leur action puisse être utilisée successivement dans tous les pavillons, ou suspendue dans une partie quelconque des bâtiments. Ils devront permettre, en outre, d'élever ou d'abaisser à volonté la température dans chaque salle.

On admettra au concours tous les systèmes de chauffage usités, notamment le chauffage direct à l'air chaud, le chauffage à circulation d'eau chaude, le chauffage mixte à l'air chaud et à circulation d'eau chaude. Le même concurrent pourra présenter plusieurs systèmes de chauffage différents. Les projets devront être accompagnés d'un mémoire descriptif renfermant les calculs détaillés sur lesquels le concurrent se fonde pour évaluer la consommation annuelle de combustible qu'exigeront ses divers appareils. Il admettra un chauffage général de deux cents jours, et les moyennes des températures mensuelles, telles qu'elles sont données par les tables météorologiques de l'Observatoire de Paris pour les dix dernières années. Le concurrent dont le projet sera adopté prendra l'engagement de chauffer l'établissement pendant dix ans, au prix correspondant à la dépense de combustible qu'il aura indiquée, si l'administration le juge convenable. Il fera connaître, en outre, les conditions du bail d'entretien qu'il propose à l'administration. L'administration adoptera le système qui, toutes choses égales d'ailleurs, exigera la moindre dépense d'établissement.

Si l'on tient compte de l'indifférence de la majorité des médecins pour tout ce qui a trait à l'aération des édifices publics, il faut convenir que ce concours, qui fait grand honneur à l'administration, réalise en faveur de l'avenir des hôpitaux un immense progrès.

Une des causes qui contribuent le plus à retarder les réformes hygiéniques en général, est peut-être l'ignorance de l'étendue du mal produit par la non-observation des règles de l'hygiène. A ce titre, on ne saurait attacher trop d'importance à la vulgarisation des faits les plus capables de mettre en lumière le danger de l'agglomération des hommes; ou, ce qui est synonyme, de la non-ventilation ou de l'aération insuffisante des habitations. Nous avons souvent insisté sur cette question ; nous y revenons aujourd'hui à raison de la permanence et de la grandeur de l'intérêt du sujet, et au risque de reproduire quelques arguments déjà énoncés par nous dans diverses publications antérieures.

Voici en quels termes s'exprimait, en 1848, la chambre de commerce de Lille, dans un rapport sur la population ouvrière de cette grande cité manufacturière : « La dégénérescence de notre population ouvrière, dégénérescence qui frappe si tristement les yeux et le cœur, et qui trouve l'une de ses principales causes, *pour ne pas dire la première, dans les conditions inhumaines et immorales du logement des ouvriers*, est un reproche vivant auquel notre cité doit avoir à cœur de se soustraire sans retard. Il ne faut pas qu'à côté des titres d'illustration nombreux et si légitimes qu'elle peut revendiquer, se rencontre cette triste renommée qui lui est faite d'être l'un des centres manufacturiers où les conditions de la vie intime et domestique de l'ouvrier sont les plus misérables, les plus incomplètes, les plus aggravantes de la démoralisation. Il faut qu'un remède énergique, efficace, prochain, soit trouvé à ce mal ; si les indications fournies jusqu'ici sont reconnues inapplicables, que d'autres moyens soient proposés ; mais que la question dont il s'agit reste à son rang, et ce rang est l'un des premiers dans l'ordre des améliorations à réaliser. »

Le langage de M. Gosselet, médecin des hôpitaux de Lille, n'est pas moins explicite. « Il meurt, avant la cinquième année, un enfant sur trois naissances dans la rue Royale (le beau quartier), 7 sur 10 dans les rues réunies, et, dans la rue des Etaques considérée seule, c'est, *sur 48 naissances, 46 décès avant trois ans que nous trouvons*. A ce fléau il faut une barrière ; il faut qu'en France on ne puisse pas dire un jour comme à Manchester, que sur 21,000 enfants, il en est mort 20,700 avant l'âge de cinq ans. En attendant, nous ne cesserons de répéter : là, à deux pas de vous, dans la demeure de l'ouvrier, *sur* 25 *enfants, un seul atteint la cinquième année* (1). »

En Angleterre, les comptes rendus annuels du *Registrar general*, publiés sous l'intelligente direction de notre savant ami M. Farr, fournissent une foule d'éléments statistiques à la démonstration du danger de l'agglomération. Ainsi, dans les districts ruraux où le mille carré correspond à 206 habitants, la mortalité annuelle n'est que de 18,2 décès sur 1,000 individus, alors qu'elle s'élève à 26 décès dans les villes dont la population est de 5,045 habitants par mille carré (2).

Mais l'influence de l'agglomération ne pèse pas seulement sur le chiffre des décès, elle agit aussi sur la qualité de la mortalité ; en d'autres termes, elle augmente la proportion de

(1) Gosselet, *De la création d'un hôpital pour les enfants dans la ville de Lille*, p. 18 et 19.

(2) D'après M. Boussingault, il y a, dans Paris, pendant chaque période de vingt-quatre heures, production de 2,944,641 mètres cubes d'acide carbonique, soit, en nombre rond, 3 millions de mètres cubes. Cette quantité est due aux influences suivantes :

Population. . .	336,777 mètres cubes.
Chevaux. . . .	132,370
Bois à brûler . .	855,385
Charbon de bois.	1,250,700
Houille. . . .	314,215
Cire.	1,071
Suif.	25,722
Huile	28,401
TOTAL. .	2,944,641

Dans cette estimation, la population de Paris est évaluée à 909,126 habitants, et la quantité d'acide carbonique produite par chaque individu en vingt-quatre heures à 370 litres. Le nombre des chevaux, d'après la consommation de foin, d'avoine et de paille dans Paris, est estimé à 31,000, et la quantité d'acide carbonique produite en vingt-quatre heures par chaque cheval à 4 mètres cubes.

certaines affections considérées comme cause de décès, ou, ce qui est presque synonyme, elle semble créer de toutes pièces certaines catégories de maladies. Ainsi, sur 10,000 habitants, on compte annuellement en Angleterre :

Dans les campagnes, 9,4 décès par fièvre typhoïde, et 35 décès par phthisie.

Dans les villes, 14,6 décès par fièvre typhoïde, et 43,6 décès par phthisie.

En ce qui concerne Londres en particulier, si l'on divise sa population, suivant l'intensité de l'agglomération, en trois catégories, on obtient, sur 1,000 habitants, les résultats suivants, qui dénotent à la fois une progression croissante de la mortalité générale et de certaines affections, sous la pression de l'encombrement.

	Yards carrés par personne	Maladies épidémiques.	Typhus et fièvre typhoïde	Maladies du syst. cérébro-spin.	Maladies de l'appar. respirat.	Phthisie.	Maladies des organes digestifs.	Autres maladies.	Total des décès.
1re série.	33	6,57	1,29	4,91	8,13	4,24	1 56	7,20	28,57
2e série.	144	5,12	0,98	3,81	7,50	4,06	1,74	6,68	24,63
3e série.	173	3,69	0,60	3,16	5,88	3,32	1,44	5,16	19,33

On objectera peut-être à toutes ces données la part de la misère ; cette part, nous ne la contestons pas, mais il est évident qu'elle laisse encore un rôle très important à l'élément sur lequel nous appelons l'attention. Dernièrement encore, M. Cockrane signalait le fait suivant : « Dans une maison de Church-Lane, 23 personnes habitent une chambre de 8 pieds sur 12 ; à Carrier-street, une chambre de 13 pieds sur 9 contient 18 habitants : nous avons trouvé 21 personnes dans une chambre sous les toits. Par contre, au Jardin zoologique, le lion habite une loge de 22 pieds sur 12, sans compter son dortoir (*sleeping place*), de 22 pieds, c'est-à-dire qu'il possède quatre fois l'espace que nous avons trouvé rempli par 26 créatures humaines. La loge du tigre a 23 pieds de long sur 8 de large, sans compter sa chambre à coucher. Un chien esquimau habite une loge de 11 pieds sur 8. »

Enfin, si nous jetons un coup d'œil sur la mortalité d l'armée française, nous trouvons, dans un rapport présenté le 23 novembre 1849 à l'Assemblée nationale par le général Oudinot, que le chiffre des décès *dans l'intérieur* s'est élevé :

En 1847, à 19,1 décès sur 1,000 hommes.

En 1848, à 21,3 (1).

Pour se faire une idée exacte de la signification de ce document, il faut se rappeler que l'armée se compose d'hommes choisis par les conseils de révision, acceptés par les corps, et triés périodiquement par la réforme. Eh bien, malgré ce choix, et malgré les épurations dont il s'agit, la mortalité est encore presque double de celle de la population civile mâle du même âge. En effet, cette dernière présente annuellement, parmi les hommes de 20 à 27 ans, 12,5 décès sur 1,000 hommes, d'après Duvillard (2), et 11 décès sur 1,000 hommes, d'après Demonferrand.

Quelle peut être la cause d'une pareille différence, toute en faveur de la population civile? Évidemment on ne saurait la chercher ni dans l'habillement ni dans l'alimentation de la troupe, deux éléments hygiéniques où la supériorité de l'armée, comparée à la moyenne de la population civile, est incontestable. De nombreuses considérations que nous ne sau-

(1) La loi du 22 janvier 1851, votée sur la proposition de M. Desjobert, prescrit la publication annuelle d'une statistique de l'état sanitaire et des pertes de l'armée.

(2) D'après la table de Duvillard, la mortalité de la population civile mâle est :

De	20	à	21	ans	de	11,74	individus sur 1,000.
De	21	à	22	ans	de	12,19	—
De	22	à	23	ans	de	12,61	—
De	23	à	24	ans	de	13,00	—
De	24	à	25	ans	de	13,20	—
De	25	à	26	ans	de	13,70	—
De	26	à	27	ans	de	14,15	—
De	27	à	28	ans	de	14,50	—

rions développer ici autorisent au contraire à attribuer une partie du mal à l'insuffisance de l'aération. On accorde aujourd'hui 14 mètres cubes *de place* à un cavalier, et 12 mètres cubes à un fantassin. Or peut-on, dans l'état actuel de la science, considérer comme suffisant un tel rationnement de la place et de l'air ? Examinons.

Une ordonnance rendue, il y a quelques années, par M. Duchâtel, alors ministre de l'intérieur, accorde aux prisonniers 27 mètres cubes de place. En Angleterre, la prison de Pentonville porte cette capacité à 30 mètres cubes ; il en est de même de la prison de Philadelphie. D'autre part, il résulte des documents officiels (1), que le renouvellement de l'air, dans chaque cellule de la prison de Pentonville, n'est pas moindre de 30 à 45 *pouces cubes* anglais par minute, soit de 51 à 76 mètres cubes par heure.

A Paris même, où la ventilation régulière des casernes est à peu près nulle, nous avons constaté, le 20 novembre dernier, que les cellules du Palais de justice, destinées à recevoir temporairement des prévenus, ont une ventilation de 80 mètres cubes par heure. Tel est l'effet de cette aération, que nous avons pu séjourner, au nombre de six personnes (2), dans une de ces cellules, au delà d'une demi-heure et sans éprouver la moindre gêne dans la respiration, bien que nous fussions littéralement les uns sur les autres. L'extraction des 80 mètres cubes d'air s'opérait spécialement par la cuvette d'une latrine établie dans l'angle de la cellule ; l'air neuf pénétrait dans la cellule par la partie supérieure d'un poêle rempli d'eau, et la température était de 16 degrés centigrades. Un simple foyer, installé dans une des caves du Palais de justice, et produisant jusqu'à 4500 de chaleur utile par kilogramme de houille de Mons, fournissait toute la chaleur nécessaire, non

(1) *Report of the surveyor general of prisons.* London, 1844, p. 25.

(2) Sur six personnes, deux fumaient et une troisième portait une lampe allumée.

seulement à l'extraction de tout l'air vicié des cellules et des salles d'audience, mais encore à la ventilation des latrines, ainsi qu'au chauffage et au renouvellement de l'air de l'ensemble du nouveau pavillon.

Lorsque des individus détenus, c'est-à-dire au moins présumés coupables, reçoivent, en Angleterre, au delà de 50, et en France, jusqu'à 80 mètres cubes d'air pur par heure, on se demande comment, dans des locaux trop souvent dépourvus de tout système régulier de ventilation, le soldat pourrait rester réduit à 14 mètres cubes de *place* (1). Pendant longtemps on a opposé à cette légitime réclamation une fin de non-recevoir, basée sur la dépense à laquelle donnerait lieu l'adoption d'une mesure hygiénique dont on veut bien aujourd'hui ne plus contester l'utilité. Nous espérons démontrer qu'un bon système de chauffage et de ventilation, loin de donner lieu à un surcroît de dépenses, pourrait réaliser au contraire une notable économie en faveur du budget. C'est dans cette intention que nous allons essayer de donner une idée du chauffage dit par *circulation d'eau*, tel qu'il fonctionne dans un grand nombre d'édifices publics de Paris.

Description du système de M. Léon Duvoir.

Les Romains paraissent avoir employé l'eau chaude pour chauffer des étuves et des thermes, et, aujourd'hui encore,

(1) En France, les règlements militaires, au lieu de fixer la quantité d'air pur à donner à chaque homme dans un temps déterminé, se sont bornés à fixer la place ainsi qu'il suit :

Pour un malade fiévreux ou blessé. .	20 mètres cubes.
Pour un malade vénérien ou galeux. .	18
Pour un homme en santé.	12 à 14

La distance à observer entre deux lits est de :

65 centimètres dans les hôpitaux.
25 centimètres dans les casernes.

les eaux thermales sont employées à Chaudes-Aigues, pour le chauffage des appartements (1). Ceci prouve, soit dit en passant, tout le parti que l'on pourrait tirer de l'eau du puits de Grenelle, dont la température n'est pas au-dessous de 27°,4. A Bonnemain appartient la première idée d'un chauffage par ce qu'on appelle CIRCULATION DE L'EAU. Il constata en 1777, qu'en unissant deux réservoirs remplis d'eau par deux tubes, et en chauffant le réservoir inférieur, il s'établit une véritable circulation, en vertu de laquelle l'eau s'élève par l'un des deux tubes et descend par l'autre. Toutefois Bonnemain n'appliqua son invention qu'à l'incubation artificielle des poulets, et il ne chercha point à la combiner avec la ventilation. Son procédé reçut en Angleterre un grand développement, particulièrement de la part de Perkins et des frères Price; mais il était réservé à M. Léon Duvoir de lui imprimer un cachet de perfection, qui nous paraît appelé à placer son nom parmi ceux des bienfaiteurs de l'humanité.

Considéré dans son ensemble, l'appareil de M. Léon Duvoir se compose d'une cloche à doubles parois, communiquant au moyen d'un tube vertical avec un réservoir supérieur, de la partie inférieure duquel partent autant de tubes descendants qu'il y a d'étages à chauffer. Ces tubes aboutissent à des poêles, et de la partie inférieure de ces derniers partent des tubes de retour qui rejoignent la cloche (2).

Tout cet appareil est rempli d'eau plus ou moins saturée d'un sel destiné à augmenter la capacité de l'eau pour le calorique; en d'autres termes, à retarder son ébullition, à ralentir son refroidissement, et à prévenir l'encrassement des

(1) L'eau de Chaudes-Aigues, qui est à 80 degrés centigrades, procure à la population une économie annuelle de combustible que l'on a comparée à la valeur d'une forêt de chênes de plus de 500 hectares.

(2) Voyez la planche jointe à notre Mémoire intitulé : *Études sur le chauffage, la réfrigération et la ventilation des édifices publics*. Paris, 1850, in-8. Chez J.-B. Baillière.

tuyaux de conduite. Le tableau suivant donnera une idée de tout ce qu'il est possible d'obtenir par ce procédé (1).

Point d'ébullition de l'eau saturée de divers sels.

Carbonate de soude. .	104°,6	48,5 sur 100 parties d'eau.
Chlorure de potassium.	108 ,3	59,4
Chlorure de sodium. .	108 ,4	41,2
Sel ammoniac. . . .	114 ,2	88,9
Nitrate de potasse. .	115 ,9	335,1
Nitrate de soude. . .	121 ,0	224,8
Acétate de soude. . .	124 ,4	209,0
Carbonate de potasse.	135 ,0	205,0
Chlorure de calcium. .	179 ,5	325,0

Dans diverses circonstances, M. Léon Duvoir a substitué l'huile à l'eau, ce qui lui a permis de diminuer le calibre des tubes (2).

La cloche, ayant la forme d'une bouteille, est placée à la cave et entourée de briques pour prévenir toute déperdition de calorique. Elle surmonte le foyer. Le réservoir supérieur est placé au grenier. L'eau de la cloche échauffée

(1) C'est peut-être ici le lieu de rappeler aussi que le point d'ébullition de l'eau varie avec l'altitude des lieux, comme l'établit le tableau suivant :

	Altitude.	Hauteur moyenne du baromètre.	Degré d'ébullition de l'eau.
Niveau de la mer	0	760	100,0
Paris, 1er étage de l'Observatoire.	65	754	99,7
Vienne.	133	747	99,5
Lyon	162	745	99,4
Moscou.	300	732	99,0
Plombières	421	721	98,4
Madrid	608	704	97,8
Bains du Mont-Dore.	1040	667	96,5
Briançon.	1306	645	95,5
Hospice du Saint-Gothard. . .	2075	586	92,9
Mexico.	2277	572	92,3
Quito.	2908	527	90,1
Métairie d'Antisana	4101	454	86,3

(2) La capacité de l'eau pour le calorique est à celle de l'air atmosphérique comme 3747 : 1000 ; il résulte de là qu'il faut 0,2668 calorie pour élever de 1 degré centigrade la température de 1 kilogr. d'air.

s'élève en vertu de sa moindre densité, et se trouve immédiatement remplacée par de l'eau froide arrivant par le tube de retour. Au palais du Luxembourg, où l'appareil compte jusqu'à 8,000 mètres de tubes (deux lieues), l'eau, portée à 120 degrés centigrades, revient à la cloche après deux heures, à 80 degrés.

Voilà pour la circulation de l'eau. — Passons à la ventilation qui, dans le système de M. Léon Duvoir, devient un puissant adjuvant du chauffage en hiver, de la réfrigération en été.

Le réservoir supérieur est placé au grenier, dans une espèce de chambre chaude, à laquelle aboutissent des tubes horizontaux, communiquant eux-mêmes avec d'autres tubes verticaux, ayant dans chaque pièce qu'il s'agit de ventiler :

1° Une ouverture inférieure, au niveau du sol, opérant en hiver l'*extraction* de l'air froid;

2° Une ouverture supérieure, près du plafond, opérant, en été, l'*extraction* de l'air le plus chaud.

L'extraction de l'air froid en hiver offre l'avantage non-seulement de diminuer les éléments de réfrigération, mais encore d'obliger l'air chaud à descendre d'une manière non interrompue pour se placer au niveau des organes respirateurs.

Pour bien comprendre l'importance du placement des bouches d'extraction au niveau du sol, il importe d'avoir une idée nette de l'inégale répartition de la chaleur dans les locaux non ventilés. Des expériences faites dans la salle non ventilée du théâtre Montparnasse ont démontré que la température y était répartie ainsi qu'il suit :

	Température.
Au niveau du plancher.	18°,36
A 0m,65 de hauteur. .	19 ,69
1 ,30.	21 ,12
1 ,95.	22 ,65
2 ,60.	24 ,30
3 ,25.	26 ,97
3 ,90.	27 ,37
4 ,55.	30 ,00
5 ,20.	32 ,48
5 ,85.	34 ,52

Ainsi, à 5m,85, la température était, dans une salle non ventilée, de 16 degrés plus élevée qu'au niveau du plancher. Nous n'insisterons pas ici sur tout ce qu'offre de malsain et même de dangereux une telle répartition de la température, exposant la tête à une chaleur de 4 degrés supérieure à celle des pieds. Nous nous bornerons, pour le moment, à faire remarquer à quelle énorme proportion s'élève, dans les locaux non ventilés, la quantité de calorique perdue. Veut-on savoir à quel point M. Léon Duvoir est parvenu à utiliser le calorique produit et à répartir la température d'une manière égale? Des expériences réitérées ont démontré qu'à l'église de la Madeleine, dont l'intérieur a jusqu'à 30 mètres de hauteur, la température ne varie pas au delà de 1 degré et demi centigrade. C'est en obtenant un effet utile à peine soupçonné de ses devanciers, que M. Léon Duvoir est parvenu à abaisser le prix du chauffage d'une manière presque fabuleuse (1).

(1) M. L. Duvoir est parvenu à chauffer et ventiler l'église de la Madeleine à raison de 6 francs par jour d'hiver. Ce qui rend ce résultat encore plus surprenant, c'est que son chauffage et sa ventilation se prolongent *pendant toute la nuit*.

A l'hospice Beaujon, il est parvenu à se passer du foyer principal pendant cinq mois sur sept, en utilisant la chaleur produite par un simple fourneau à cataplasmes; ce même fourneau sert à la ventilation pendant toute l'année, ainsi qu'à l'envoi d'un approvisionnement d'eau chaude

L'extraction de l'air froid opérée, il ne reste qu'à introduire de l'air neuf au degré de température exigé. A cette fin, des prises d'air sont pratiquées à la partie extérieure du bâtiment; ces prises d'air constituent l'orifice extérieur de gaînes enveloppant les tuyaux d'eau chaude, et destinées à introduire dans l'intérieur l'air neuf, échauffé au contact des tuyaux d'eau chaude. L'air chaud pénètre dans l'intérieur, d'une part par des ouvertures pratiquées au niveau du sol, de l'autre par la partie supérieure et centrale des poêles.

Ainsi, circulation d'eau chaude; extraction de l'air froid et vicié au niveau du sol; introduction de l'air chaud dans des canaux qui débouchent, soit à la partie supérieure des poêles, soit au niveau du sol, mais toujours à une certaine distance des *bouches d'extraction* : tel est, en résumé, le système *en hiver*.

Veut-on chauffer un seul étage, les tubes qui, partant du réservoir supérieur, communiquent avec les autres étages, sont fermés au moyen de clapets. De la sorte, tout le calorique est utilisé en faveur des seuls locaux qu'il s'agit de chauffer.

Réfrigération et ventilation d'été (1).

En été, on doit se proposer d'extraire des locaux l'air le plus chaud et de le remplacer par de l'air frais. A cette fin,

à tous les étages. Bref, on a calculé que 1,000 mètres cubes d'air, élevés à une température moyenne de 15 à 16 degrés, reviennent :

A 5 centimes à l'hospice Beaujon,

A 4 centimes à l'embarcadère du chemin de fer du Nord,

A 4 centimes à la police correctionnelle,

A 3 centimes à l'église de la Madeleine.

(1) Jusque dans ces derniers temps, la ventilation d'été était restée un problème non résolu dans la pratique. Des théoriciens proposaient de faire monter l'air froid des caves dans les appartements, mais l'application avait échoué constamment. En effet, il ne suffit pas d'extraire de l'air d'une salle, pour y faire pénétrer, au moyen d'un tube de communication, l'air frais d'une cave. Pour que le mouvement ascensionnel de

on chauffe l'eau du réservoir supérieur, mais en ayant soin de fermer les tubes qui conduisent aux poêles à eau. L'eau du réservoir revient alors à la cloche au moyen d'un tube spécial, établi pour les besoins de l'été. On ferme les bouches d'extraction, situées au niveau du sol et servant en hiver à aspirer l'air froid, et l'on ouvre d'autres ouvertures pratiquées au niveau du plafond, afin d'extraire l'air le plus chaud. Lorsque la température n'est pas trop élevée (1), la portion d'air neuf qui pénètre dans l'intérieur, après avoir été en contact avec les tubes et les poêles remplis d'eau froide, suffit ordinairement pour produire la réfrigération désirée. Mais, dans les temps très chauds et dans divers pays, ce moyen serait insuffisant ; dans ces circonstances, M. Léon Duvoir se sert d'un grand cylindre tubulaire rempli d'eau sortant du puits (2), et communiquant supérieurement

ce dernier fût possible, il faudrait que la pièce à rafraîchir fût fermée hermétiquement. Dans les conditions ordinaires, l'air chaud et léger de l'extérieur éprouvera beaucoup moins de difficulté que l'air frais et pesant de la cave à pénétrer dans l'intérieur, soit par les portes, soit par les fissures des fenêtres.

(1) Un phénomène digne d'être noté dans le système de large ventilation, c'est l'absence de rapport entre la température indiquée par le thermomètre et la sensation éprouvée. Ainsi, en visitant, en hiver, divers établissements chauffés par M. L. Duvoir, nous avons toujours vu le thermomètre marquer une température supérieure à celle que nous faisait soupçonner la sensation perçue. Dix-sept degrés centigrades dans les salles ventilées de l'hospice Beaujon donnaient à peine la sensation de chaleur que nous éprouvions, avec 13 degrés, dans les salles non ventilées de l'hôpital militaire du Roule. Par contre, une salle de 80 mètres cubes, recevant jusqu'à 120 mètres cubes d'air par heure, nous a donné, en été, une véritable sensation de froid, bien que le thermomètre marquât encore 20 degrés centigrades. Ceci rappelle les compagnons du capitaine Parry, qui, par un froid de 47 degrés au-dessous de zéro, se livraient à la chasse dans l'île Melville, à 75 degrés de lat. N., alors qu'ils pouvaient à peine sortir, dès que le plus léger vent s'élevait ; dans ce cas, une douleur cuisante se faisait sentir, et elle était suivie d'une céphalalgie insupportable.

(2) Pour obtenir une réfrigération plus considérable, on pourrait pla-

avec l'air extérieur, et inférieurement avec le local qu'il s'agit de rafraîchir. L'air extérieur s'engouffre dans l'ouverture supérieure, se refroidit au contact du cylindre, et se précipite dans l'appartement, sous la double pression de son poids et de l'appel provoqué par l'extraction de l'air intérieur.

Ainsi, extraction de l'air chaud et introduction d'air frais, ce dernier pénétrant à la partie inférieure du sol, après avoir parcouru de haut en bas un cylindre tubulaire rempli d'eau de puits, tel est, en résumé, le procédé de ventilation d'été employé par M. Léon Duvoir.

On s'est beaucoup occupé dans ces derniers temps de la question de savoir quelle devait être la quantité d'air affectée à chaque individu, et cette question a été résolue de diverses manières. Les estimations les plus larges ont fixé la ration d'air par heure à 10 mètres cubes pour l'homme en santé, à 20 mètres cubes pour l'homme malade. Mais, il est permis de penser que ces estimations, toutes théoriques, n'ont pas tenu suffisamment compte de la nature et de la somme possibles de la viciation de l'air des lieux de rassemblement et des hôpitaux. Nous avons constaté souvent une odeur très désagréable dans certaines salles d'hôpital qui cependant recevaient au delà

cer dans le cylindre quelques morceaux de glace, ou recourir aux mélanges ci-après :

			Abaissement obtenu.
Neige ou glace pilée.	2	parties	20°
Sel marin. . . .	1	id.	
Neige ou glace pilée.	5	id.	24°
Sel marin. . . .	2	id.	
Sel ammoniac . .	1	id.	
Neige ou glace pilée.	24	id.	28°
Sel marin. . . .	10	id.	
Sel ammoniac . .	5	id.	
Nitrate de potasse. .	5	id.	
Neige ou glace pilée.	12	id.	31°
Sel marin. . . .	5	id.	
Nitrate d'ammoniaque.	5	id.	

de 40 mètres cubes d'air par heure. D'autre part, qui pourrait affirmer qu'un renouvellement même de 100 mètres cubes d'air par heure annihile complétement le danger du voisinage d'un malade atteint de variole ? Grâce aux progrès réalisés dans l'art de la ventilation par M. Léon Duvoir, la question de la fixation d'un minimum d'aération a perdu beaucoup de son importance primitive.

Le 5 avril 1844, une commission composée de MM. Gay-Lussac, Séguier, Grillon et Regnault, constatait à la maison des aliénés de Charenton, chauffée par le système Léon Duvoir, que les cellules les plus éloignées du centre du chauffage, et cubant de 36 à 38 mètres, recevaient 67$^{m.c.}$,10 d'air par heure, et que les cellules les plus rapprochées en recevaient jusqu'à 119 mètres cubes. L'air de la cellule était renouvelé en 32 minutes dans les premières, et en 19 minutes dans les secondes. Dans les dortoirs, dont la capacité est de 300 mètres cubes, l'anémomètre indiquait un écoulement de 290 mètres cubes par heure, soit un renouvellement complet de l'air à peu près toutes les heures. Dans les salles les plus rapprochées du foyer et qui ont la même capacité, l'écoulement était de 607 mètres par heure, écoulement qui correspond à deux renouvellements par heure de la totalité de l'air. Dans le séchoir d'une fabrique de toiles peintes, à Puteaux, cubant 753 mètres, 11 minutes suffisent pour renouveler l'air intérieur ; enfin, à l'amphithéâtre de l'Observatoire, d'une capacité de 1535 mètres, l'air est entièrement renouvelé en 23 minutes.

Nous résumons dans le tableau suivant le degré de ventilation obtenu par M. Léon Duvoir dans un grand nombre d'édifices publics dans lesquels il a établi ses appareils :

ÉTABLISSEMENTS.	Capacité chauffée en mètres cubes.	Litres d'eau contenus dans les appareils.	Air renouvelé par heure en mètr. cubes.
Observatoire	1,600	2,500	1,600
Police municipale	2.500	3,400	2,200
Hospice Beaujon	2.400	3,600	3,000
Ecole de la Villette	3,000	4,500	2.800
Ecole rue de Charonne	3,500	5,300	3,000
Ecole des ponts et chaussées	5,500	8,200	7,000
Présidence de l'assemblée nationale	6,300	10,200	4.500
Hospice de Charenton (plateau supérieur)	7,000	10,500	6,000
Ecole vétérinaire d'Alfort	10.000	17,000	9,000
Ecole des mines	14.000	21,000	11.200
Conservatoire des arts et métiers	14,000	22,000	12,000
Palais du quai d'Orsay	16,000	17,300	2,800
Gare du chemin de fer du Nord	17,000	25,000	14,500
Eglise Saint-Philippe du Roule	17,000	25,000	9.000
Hospice de Charenton (plateau inférieur)	22,000	33,000	22,000
Eglise Saint-Germain l'Auxerrois	25,000	30.000	10,000
Police correctionnelle	16,000	22,000	18 000
Institut des jeunes aveugles	20,000	30,000	16.000
Eglise de la Madeleine	60.000	40.000	15,000
Palais du Luxembourg	70,000	110,000	15,000

Ce tableau prouve à lui seul toute la supériorité du système Léon Duvoir, au point de vue de la ventilation, sur tout ce qui s'était pratiqué avant lui, et, on peut le dire, même sur ce qui s'est fait dans ces derniers temps (1).

Malgré cette incontestable supériorité, on comprend que la méthode de chauffage et de ventilation par *circulation d'eau* ne pourrait être adoptée qu'avec réserve, si son installation entraînait des dépenses par trop considérables. Comparons.

(1) Depuis quelques années, l'Institut possédait un système de chauffage *par la vapeur*, dont l'établissement avait coûté des sommes considérables. Les résultats de ce système ont été si peu satisfaisants, que M. Léon Duvoir vient d'être chargé de lui substituer ses appareils à circulation d'eau. Déjà, il y a une douzaine d'années, il avait fallu remplacer, au palais du Luxembourg, le système d'Arcet, dont l'établissement avait coûté plus de 250,000 francs. Il est permis de prévoir que d'autres systèmes de chauffage ne tarderont pas à être remplacés par le procédé que nous décrivons.

Comparaison des divers systèmes du chauffage au point de vue de la dépense.

Les quatre pavillons de l'hôpital Beaujon offrent une capacité égale et sont chauffés par quatre systèmes différents. Voici quelle a été, de 1846 à 1850 inclusivement, la consommation annuelle en combustible dans chacun des pavillons.

Années.	1er PAVILLON chauffé par des poêles, sans ventilation.			2e PAVILLON chauffé et ventilé par M. Léon Duvoir, avec chauffage de l'escalier et distribution d'eau chaude à tous les étages.		3e PAVILLON chauffé par M. René Duvoir, sans ventilation des salles, ni chauffage de l'escalier, ni distribution d'eau.		4e PAVILLON chauffé par des poêles, sans ventilation et sans distribution d'eau.		
	Bois.	Charb. de terre.	Coke.	Bois.	Charb. de terre.	Bois.	Charb. de terre.	Bois.	Charb. de terre.	Coke.
	Stères	Hectol.	Hectol	Stères.	Hectol	Stères.	Hectol	Stères	Hectol	Hectol.
1846	14	204	48	7	233	6	248	8	272	»
1847	21	232	52	1	563	6	367	14	303	»
1848	26	268	45	5	272	9	288	21	288	»
1849	34	248	58	6	201	11	431	24	260	7
1850	27	252	48	7	318	12	315	28	228	48
Les 5 ann.	123	1,204	241	26	1,387	42	1,649	93	1,351	55

Voilà pour la consommation. Examinons comparativement la dépense des deuxième et troisième pavillons, dont le premier est chauffé et largement ventilé par M. Léon Duvoir, et dont le dernier est seulement chauffé par M. René Duvoir.

Les relevés de l'administration établissent que pendant la période de cinq années dont il s'agit, la dépense s'est élevée :

1° Pour le 2e pavillon :

Bois, 26 stères à 16 fr.	416	»
Charbon de terre, 1,387 hect., à 3 fr. 60 c.	4,993	20
Dépense totale pendant cinq hivers. . .	5,409	20
Dépense moyenne par hiver.	1,081	84

Cette dépense comprend le chauffage, la ventilation et la distribution de l'eau chaude à tous les étages.

2° Pour le 3ᵉ pavillon (appareil calorifère à air chaud) :

Bois, 42 stères, à 16 fr.	672	»
Charbon de terre 1,649 hect., à 3 fr. 60 c.	5,936	40
Dépense totale pendant cinq hivers. .	6,608	40
Dépense moyenne par hiver.	1,321	68

Or, dans le 2ᵉ pavillon, la cage d'escalier est chauffée, et elle ne l'est pas dans le 3ᵉ; le volume de cette cage d'escalier étant de 300 mètres cubes, et celui des autres localités étant de 2,130 mètres cubes, il en résulte que le chauffage de la cage d'escalier donnerait une première augmentation annuelle de dépense de. 925 »

Dans le 2ᵉ pavillon, il existe un réservoir à chaque étage, fournissant de l'eau chaude en abondance; dans le 3ᵉ pavillon, l'eau chaude n'est fournie que par la marmite du fourneau à cataplasmes du rez-de-chaussée; on est donc obligé d'en restreindre l'emploi à raison de la difficulté que l'on éprouve à se la procurer : il en résulte que la quantité d'eau chaude consommée dans le 2ᵉ pavillon excède d'environ 800 litres par jour celle qui est consommée dans le 3ᵉ pavillon.

Ces 800 litres d'eau chaude exigeraient une combustion de 20 kilogrammes de houille par jour, lesquels, à raison de 0,036 le kilo, et pendant 365 jours, produiraient une dépense annuelle de . . . 263 »

Dans le 2ᵉ pavillon, les salles sont ventilées de la manière suivante :

Rez-de-chaussée. 68 mèt. cub. par heure et par lit.
Premier étage... 60 mèt. cub. id.
Deuxième étage. 38 mèt. cub. id.

A reporter. . 1,188 »

Report. . .	1,188 »
La ventilation moyenne est donc de 53 mètres cubes par heure et par lit ; le nombre des malades étant de 54, la quantité totale d'air vicié extrait des salles est donc de 68,688 mètres cubes par jour.	
La quantité de combustible nécessaire pour produire l'appel de cet air est celle qu'il faudrait employer pour en élever la température de 12 degrès en moyenne, ce qui exige la production de 264,384 unités de chaleur, produisant une dépense, en argent, d'environ 2 francs 70 cent. par jour, et pendant 365 jours	985 »
Dans le 3e pavillon, où il n'existe pas de ventilation, la dépense de combustible est, par année, de.	1,321 68
Il faut donc ajouter :	
1° Chauffage de la cage d'escalier	186 »
2° Distribution d'eau chaude.	263 »
3° Ventilation	985 »
Total.	2,755 68

Ainsi, le 3e pavillon, chauffé actuellement à l'air chaud, dépenserait pour 2,755 francs 68 cent. de combustible par an, si les conditions de chauffage et de ventilation étaient identiques avec celles du 2e pavillon, dont la dépense de combustible n'est que de 1,081 84

Il suit de là que la dépense à laquelle donne lieu le système de M. Léon Duvoir est à celle qu'occasionne le système de chauffage par l'air chaud comme 5 : 13.

Voilà pour l'hôpital Beaujon. Passons à l'examen de l'*Institution des jeunes aveugles*, autre établissement chauffé et ventilé par M. Léon Duvoir. Dans ce dernier établissement, il a été constaté que, pour chauffer par des calorifères, il aurait fallu au moins 150 poêles, lesquels s'élèvent, au plus bas prix, à 200 fr. l'un. 30,000

Tuyaux de fumée 3,000

150 grilles d'entourage en fil de fer sur tringles, monture à 50 fr. 7,500

Total de premier établissement . . . 40,500 | 40,500

La consommation moyenne de combustible, à 1 fr. 50 c. par jour pour chaque poêle, calculée sur le prix de l'ancien établissement, par jour, 225 fr.; 212 jours de chauffage par année, 47,700 fr.: soit, pour 12 années 572,400

Quatre hommes de peine, pour transport de combustible et entretien de 150 feux, à 600 fr. l'un, soit 2,400 fr.: 12 années. 28,800

Entretien des poêles, à 10 fr. l'un; par an, 1,500 fr.: pour 11 années 16,500

Renouvellement des poêles et tuyaux à la fin de la période, déduction faite de 2,500 fr. pour les vieux matériaux, reste 30,250

Deuxième renouvellement à la fin de la 12e année, semblable à celui ci-dessus 30,250

Intérêts simples de toutes les sommes ci-dessus à la fin de la 12e année 261,073

Total 979,773

Voici maintenant les dépenses auxquelles donne lieu l'établissement du système Léon Duvoir :

Prix des appareils de chauffage et de ventilation 70,000

Chauffage annuel, 6,360 fr.; 12 années 76,320

Entretien annuel, 1,200 fr.; 11 années 13,200

Intérêts simples de sommes ci-dessus, à la fin de la 12e année. 71,416

230,936

Différence ou économie à la fin de la 12e année. 748,837

979,773

Examinons les deux systèmes de chauffage successivement appliqués au palais du Luxembourg.

Avant l'établissement du système Léon Duvoir, la dépense pour combustible et main-d'œuvre était de 38,000 francs *par an*; les frais de réparations annuelles s'élevaient à 16,000 francs. Ajoutons qu'il n'y avait alors aucune trace de ventilation, et le chauffage était nul dans près de la moitié de l'édifice. Avec le nouveau système, toutes les pièces, le Musée, l'Orangerie, la Serre, les vestibules, les couloirs et les escaliers sont ventilés et chauffés, uniformément, à 15 degrés, et à raison de 12,900 francs par an, frais de réparations et de ramonage compris.

La dépense totale pour l'ancien appareil, appliqué seulement à la *moitié* du palais du Luxembourg, s'élevait à 250,000 francs; donc les frais de premier établissement eussent été au moins d 375,000

D'après un tableau publié au *Moniteur*, les frais de combustible étaient de 38,000 fr. En ajoutant moitié en sus, par le motif précité, nous trouvons 57,000

Les frais annuels d'entretien s'élevaient à 16,000 francs, et, moitié en sus 24,000

Si, d'après ces bases, on suppose un chauffage de douze années, tel que l'a entrepris l'auteur du nouveau système, on trouve, avec les frais de premier établissement. 1,800,250

Les frais de premier établissement du système Léon Duvoir, y compris les dépenses extraordinaires et indépendantes, ont été de 240,000

En ajoutant à cette somme les frais de chauffage pendant douze ans, et les frais de réparations, payables pendant onze ans, on trouve, intérêts simples et décroissants compris, une somme totale de 683,945

Il résulte de là que l'adoption du nouveau système de chauffage aura procuré au Trésor, au bout de douze années, une économie de (1) . . . 1,116,355

On a reproché au chauffage par l'eau de compromettre le service, à raison de l'existence d'un seul générateur. Mais d'abord, rien ne s'oppose à l'établissement de générateurs multiples, et, d'autre part, il est aujourd'hui parfaitement constaté, dans les établissements où fonctionne ce système depuis douze ans, même avec un seul générateur, qu'il est, au contraire, celui qui assure le mieux le service. En présence de si grands avantages déjà réalisés, on est surpris de voir surgir çà et là des velléités de revenir à des méthodes dont l'expérience a depuis longtemps démontré non seulement l'impuissance radicale, mais encore les graves inconvénients, et, on peut le dire, les dangers.

Chauffage, ventilation et réfrigération du palais de l'Institut.

Le système de chauffage *par la vapeur d'eau*, établi à l'Institut depuis quelques années, n'ayant pas donné les résultats qu'on s'en était promis, M. Léon Duvoir a été chargé récemment de remplacer ce système par ses appareils *à circulation d'eau*. Nous allons résumer les bases et les conditions de cette substitution.

Une chaudière sera placée dans une des pièces du rez-de-chaussée. Des conduits à circulation amèneront l'eau chaude dans les quatre grands poêles de fonte placés dans les angles de la salle. Au sommet de ces poêles seront établies les bouches destinées à introduire la quantité d'air chaud nécessaire pour produire une bonne ventilation et une température uniforme de 15 degrés. On utilisera, pour l'extraction de l'air, les conduits grillés qui existent déjà au-dessous des tables.

La grande salle de la bibliothèque sera chauffée par dix colonnes

(1) D'après la *Gazette municipale de Paris* du 1er décembre 1851, le système Grouvelle établi à la prison Mazas a coûté à l'administration 203,291 fr., et il fournirait par heure au plus 30,000 mètres cubes d'air. Or, M. Léon Duvoir avait soumissionné pour 150,000 fr., et il s'était engagé à fournir 127,600 mètres par heure. D'après le même journal, le prix actuel du chauffage serait de 30,000 fr. par an, alors que le système Léon Duvoir ne devait dépenser que 10,711 fr. En présence de tels chiffres et de la récente destruction de l'ancien chauffage de l'Institut, nous ne comprenons pas bien le perfectionnement récent attribué à M. Grouvelle par notre savant confrère M. Tardieu (article CHAUFFAGE du *Dict. d'hyg. publique*, Paris, 1852, p. 274).

de fonte remplies d'eau, et parcourues de bas en haut par des tubes de cuivre qui introduiront l'air chauffé.

Sous les tables centrales, et sous la table de l'extrémité de la salle, près de l'horloge, seront placés onze petits récipients destinés à fournir une partie de la chaleur nécessaire à l'échauffement de la pièce.

La surface de chauffe et les dimensions des appareils sont calculés pour maintenir la température à 15 degrés dans toutes les pièces ci-dessus désignées, quelle que soit la température extérieure. La *salle des séances* sera seule ventilée, et recevra 1,500 mètres cubes d'air par heure.

Le prix du chauffage sera de 13 fr. 50 cent. par jour, y compris le chauffeur, la fourniture et le rentrage du charbon ; en un mot, les frais de toute nature. Le chauffage, fixé à 212 jours, coûtera donc annuellement 2,860 fr.

Le prix annuel pour l'entretien, le nettoyage, le ramonage, etc., sera de 900 fr.

En ce qui concerne la ventilation d'été, M. Léon Duvoir profite d'une manière ingénieuse de la plus grande densité de l'air froid pour la faire servir de force motrice; l'air refroidi se trouve ainsi avoir une tendance plus grande à pénétrer dans les salles que l'air extérieur. A cet effet, il dispose de grands réservoirs remplis d'eau froide que l'on renouvelle au besoin.

Dans ces réservoirs sont fixés de longs tubes verticaux de tôle, ouverts aux deux bouts. Ces tubes communiquent, par leur extrémité supérieure, avec l'air ambiant, et, par leur extrémité inférieure, avec l'air de la pièce. La colonne d'air contenue dans ces tubes tend à descendre naturellement par sa plus grande densité, mais son mouvement est encore activé par le tirage de la cheminée d'appel. Des registres, convenablement disposés, permettent de régler les proportions d'air refroidi et d'air à la température atmosphérique qu'il faut faire pénétrer dans la pièce pour maintenir celle-ci à un degré déterminé. M. Léon Duvoir compte, en outre, profiter du froid produit par l'évaporation de l'eau pour refroidir l'air plus efficacement. A cet effet, il pratiquera, à la partie supérieure de ses tubes réfrigérants, une série de petites ouvertures qui laisseront suinter l'eau et maintiendront les parois extérieures des tubes constamment mouillées.

L'application de ce système à la salle des séances consistera dans l'établissement de deux réservoirs de tôle de forme elliptique, placés dans les deux cabinets situés à droite et à gauche de la porte du fond. Ces réservoirs seront garnis à l'intérieur de soixante-dix-sept tubes de tôle. L'eau froide sera amenée dans les réservoirs au moyen d'une pompe qui prendrait l'eau dans un puits spécial. Les dépenses pour l'établissement de l'appareil complet s'élèvent à 8,543 fr.; les frais de l'entretien annuel à 300 fr.

M. Léon Duvoir s'engage à maintenir, pendant les séances, l'air de la salle à 4 degrés *au-dessous* de la température extérieure à l'ombre.

Le prix de la réfrigération d'été est fixé à 8 fr. par jour.

Projet de chauffage et de ventilation présenté par M. Léon Duvoir pour le nouvel hôpital de la République (1).

Dans la pièce du rez-de-chaussée, servant d'office, de chacun des six pavillons, sera établi un fourneau disposé de manière à chauffer en même temps : 1° une chaudière servant à chauffer l'eau circulant dans tous les appareils destinés au chauffage et à la ventilation ; 2° un bouilleur chauffant l'eau nécessaire pour le service des salles et des offices ; 3° une marmite servant à la préparation des tisanes et des cataplasmes, ainsi qu'un four susceptible d'être employé comme étuve. Ce fourneau aura deux foyers, l'un pour l'hiver, chauffant toute l'eau nécessaire à ces différents services, avec une grille dont l'étendue est proportionnée à la quantité de combustible à consommer ; l'autre pour l'été, chauffant, comme le premier, la chaudière, le bouilleur et la marmite, mais avec une grille plus petite, l'été n'ayant à assurer que la ventilation des salles.

La fumée provenant de l'un des foyers du fourneau s'écoulera directement dans un tuyau circulaire de forte tôle de 0m,01 d'épaisseur et 0m,35 de diamètre intérieur, qui s'élèvera verticalement depuis le fourneau jusqu'au plancher du comble. Ce premier tuyau sera entouré dans toute sa hauteur d'un deuxième tuyau de fonte, laissant autour du premier un intervalle circulaire de 0m,07 de large ; dans cet espace laissé entre les surfaces des deux tuyaux se trouvera l'eau chauffée par le refroidissement que fera subir à la fumée pendant son parcours le contact de la surface du cylindre formant la paroi intérieure de la chaudière. A partir du plancher du comble, un tuyau de tôle sera mis en prolongement de ce cylindre intérieur, et permettra à la fumée de s'écouler au dehors. Cette disposition de chaudière présente l'avantage d'utiliser le plus possible l'action de la fumée, et la dépense de combustible qu'on serait obligé de faire pour tenir allumé continuellement le fourneau nécessaire pour le service des offices, si ce fourneau était indépendant des appareils de chauffage, se trouve économisée complétement, puisque l'on utilise toute la chaleur qui serait perdue pour un corps de cheminée séparé.

(1) Quel que soit le sort réservé au projet présenté par M. Léon Duvoir, nous croyons utile de le signaler, d'abord parce qu'il expose les derniers perfectionnements apportés à l'emploi de la circulation de l'eau ; ensuite, parce qu'il permettra de mieux juger les résultats obtenus par d'autres procédés. Les calculs joints à ce travail sont dus à M. V. Guérin, ingénieur attaché à l'établissement de M. Duvoir.

Du sommet de la chaudière dont nous venons de parler partent deux tubes ascensionnels de fer, de 0m,077 de diamètre intérieur, qui vont communiquer avec deux réservoirs placés au milieu du comble. Du fond de ces deux réservoirs partent six tubes de retour, dont trois de 0m,05 de diamètre intérieur servant à alimenter les poêles ou récipients placés dans les salles; un autre, de même diamètre, alimente les poêles du promenoir et celui de la cage d'escalier; enfin deux de 0m,04 de diamètre pour l'alimentation des poêles des trois chambres de sœurs et ceux des trois salles à deux lits placées à l'extrémité des grandes salles. Tous ces tubes, après avoir alimenté les poêles, viennent ensuite se réunir à la partie inférieure de la chaudière qui reçoit l'eau dépouillée d'une partie de son calorique.

Les récipients sont au nombre de vingt et un, dont douze pour les grandes salles, de 0m,90 de diamètre sur 1m,50 de hauteur totale, et garnis intérieurement de seize tubes de 0m,10 de diamètre, servant à laisser écouler dans la salle l'air pur puisé au dehors et qui restitue en quantité égale celui qui est aspiré par les conduits de ventilation; deux de 1 mètre de diamètre et 1m,50 de hauteur avec vingt tubes intérieurs placés dans le promenoir, un poêle semblable à celui des grandes salles pour la cage d'escalier, trois autres poêles de 0m,55 de diamètre et 1m,20 de hauteur avec cinq tubes intérieurs chauffant les trois salles à deux lits. Enfin, trois derniers poêles de 0m,35 de diamètre et 1m,20 de hauteur, chauffant les trois chambres de sœurs.

Afin de pouvoir régler la chaleur dans chaque salle, des soupapes à manivelles sont placées au-dessus des orifices des tubes alimentaires; ces soupapes permettent d'établir ou d'interrompre la circulation de l'eau sur un point quelconque De cette manière on évitera les robinets et les *stuffen-boxes* dont l'emploi entraîne toujours des fuites et des émanations désagréables provenant de la décomposition des huiles et des graisses nécessaires pour les faire fonctionner.

Dans l'axe de chaque trumeau des grandes salles et au pied des lits des malades, seront pratiquées des bouches de ventilation, communiquant avec des conduits verticaux construits dans l'épaisseur des murs. Ces conduits montent verticalement jusqu'au plancher du comble, et viennent communiquer avec d'autres conduits de bois parcourant horizontalement le plancher de ce comble pour se réunir ensuite à la chambre d'appel entourant les deux réservoirs qui, par la transmission calorifique développée par leurs surfaces, donnent à l'air des conduits de ventilation la chaleur nécessaire pour le fonctionnement du tirage. La surface de chauffage de ces deux réservoirs, qui ont chacun 0m,90 de diamètre et 2 mètres de hauteur, suffit pour assurer une ventilation régulière qui se fera à raison de 40 et même 50 mètres cubes par heure et par lit de malade; cette quantité s'élèvera à 40 mètres cubes; lorsque, dans les cas d'épidémies, il deviendra nécessaire d'augmenter la puissance de la ventilation.

Le fourneau servant d'appareil de chauffage aura un foyer spécial pour l'été ; il devra chauffer l'eau de la chaudière : au moyen de cette disposition, il suffira de fermer les soupapes placées aux orifices des tubes alimentaires, pour que les deux réservoirs seulement reçoivent la chaleur nécessaire à la production de la ventilation. La circulation d'eau s'établira, en été, au moyen d'un tube spécial partant de l'un des deux réservoirs et retournant à la partie inférieure de la chaudière. Ce tube sera ouvert en été et fermé en hiver par un robinet.

Lorsqu'il sera nécessaire d'effectuer le ramonage du tuyau formant la paroi intérieure de la chaudière, la fumée du fourneau se rendra dans un des corps de cheminée par un conduit spécial destiné à cet usage et fermé par un registre ; de la sorte le service du fourneau des offices ne subira aucune interruption. Des portes de tôle, communiquant avec les conduits de ventilation, seront établies au niveau du plafond des salles, et, lorsqu'elles seront ouvertes, elles serviront de bouches d'aspiration pour la ventilation d'été.

Des soupapes placées sur chacun des conduits de ventilation près de la chambre d'appel serviront à régler la quantité d'air qui devra s'écouler par ces conduits.

Distribution d'eau chaude pour le service des salles et des offices.

Le fourneau servant d'appareil de chauffage chauffera un bouilleur ; un tube vertical de 0m,04 de diamètre intérieur se rendra de la partie supérieure de ce bouilleur pour déboucher dans un réservoir d'où partira un deuxième tube de même diamètre et retournant à la partie inférieure du bouilleur. Sur ce deuxième tube sont piqués deux robinets de distribution pour le premier étage et le rez-de-chaussée ; un troisième robinet piqué au bas du réservoir sert pour la distribution de l'eau au deuxième étage. Le réservoir de distribution aura 0m,90 de diamètre sur 1m,50 de hauteur ; il contiendra 760 litres, déduction faite de l'espace vide où se forme la vapeur.

Appareils destinés à la réfrigération des salles en été (1).

Aux angles de chacune des grandes salles seront placés quatre récipients cylindriques de tôle de 0m,70 de diamètre sur 2m,50 de hau-

(1) M. Tardieu (*op. cit.*, p. 276) reproche à la plupart des constructions de M. Duvoir de manquer de ventilation d'été. Nous ferons observer que M. Duvoir est, au contraire, le seul qui ait résolu pratiquement le difficile problème de la ventilation d'été, et que les expériences auxquelles nous nous sommes nous-même livré à ce sujet avec M. de Creuilly, colonel du génie, en juillet 1850, ont donné les résultats les plus satisfaisants. Il n'en est point ainsi à la prison Mazas, où, d'après la déclaration d'un employé supérieur, l'air des cellules est souvent empesté par les émanations des latrines, pour peu que le soleil vienne à échauffer les fenêtres.

teur, et garnis intérieurement de quatorze tubes de tôle de $0^m,08$ de diamètre, par où s'écoulera de haut en bas l'air pur puisé au dehors. Ces récipients seront remplis par l'eau provenant d'une pompe alimentaire, et l'on y introduira, s'il est nécessaire, de la glace en quantité suffisante pour obtenir tel degré de rafraîchissement que l'on désirera.

Les quatorze tubes placés dans chacun des cylindres réfrigérants suffiront pour introduire dans la salle une quantité d'air de 30 mètres cubes au moins par heure et par lit. En effet, les 56 tubes des quatre cylindres forment une section totale égale à

$$56 \times 3,14 \times 0,0016 = 0,2814.$$

La vitesse d'écoulement de l'air sera d'au moins 1 mètre par seconde. Le volume d'air introduit dans la salle sera donc de

$$3600 \times 0,2814 = 1013 \text{ mètres cubes};$$

ce qui, à raison de 32 lits par salle, fait $31^{m.c.},66$ par heure et par lit.

Pendant les fortes chaleurs de l'été, et pour augmenter la puissance de refroidissement, on introduira, dans l'intérieur des tubes des poêles qui en hiver servent au chauffage des salles, de la glace pour refroidir l'eau qu'ils contiennent; alors la surface extérieure de ces poêles, agissant par contact sur l'air intérieur de la salle, il sera facile d'obtenir une absorption calorifique totale proportionnée au degré de rafraîchissement que l'on désire avoir.

On n'aura recours à l'emploi de la glace que dans le cas où l'on aurait à combattre une chaleur extraordinaire; car on verra qu'en supposant une température extérieure de 24 degrés, il est encore possible d'abaisser à 18°,40 l'air intérieur des salles, en n'employant que l'eau de la pompe alimentaire, dont la température naturelle sera d'environ 12 degrés. L'air intérieur des salles se trouve donc soumis à trois influences réfrigérantes, qui sont :

1° L'air introduit dans la salle par les tubes des quatre cylindres;

2° La surface extérieure des quatre cylindres agissant par contact direct sur l'air de la salle;

3° La surface extérieure des poêles placés dans les salles, agissant également par contact.

Ces trois causes réunies doivent avoir pour effet de contre-balancer d'une manière incessante toute la quantité de calorique qui tend à élever la température de la salle, et qui est produite :

1° Par la transmission qui a lieu de dehors en dedans par les surfaces de verres, de murs et de planchers;

2° Par la perte d'effet refroidissant, due à l'écoulement de l'air intérieur par les conduits d'aspiration; car l'air déjà refroidi qui s'écoule par ces conduits produit le même effet qu'une cause d'échauffement qu'il s'agit de combattre.

Pour que la température de l'air intérieur de la salle puisse parvenir à un état permanent, il y a équilibre entre les diverses causes d'échauffement et de refroidissement que nous venons de faire connaître ; les conditions de cet équilibre sont faciles à exprimer, et vont nous conduire à déterminer : 1° quelle doit être la température de l'eau des cylindres réfrigérants et des poêles pour obtenir un rafraîchissement quelconque, la température extérieure étant connue ; 2° quelle est la quantité de glace à dépenser par heure pour obtenir cet effet de refroidissement. En effet, appelons :

K. La chaleur transmise en une heure par les surfaces de verres, de murs et de planchers, pour une différence de 1 degré entre les températures extérieure et intérieure.

T. La température extérieure.

T'. Celle de l'air introduit dans la salle par les tubes des cylindres réfrigérants.

T''. Celle de l'air intérieur de la salle lorsqu'il a subi le refroidissement que l'on désire lui donner.

θ. La température que l'eau des cylindres et des poêles doit avoir pour que l'air intérieur de la salle soit abaissé à la température T''.

P. Le poids de l'air introduit par heure dans la salle, et égal à celui qui s'écoule par les conduits de ventilation.

K'. La chaleur absorbée en une heure par la surface totale des cylindres et des poêles pour 1 degré de différence entre la température de l'air intérieur de la salle et celle de l'eau.

φ. Le nombre 0,267 qui exprime la chaleur spécifique de l'air.

U. La quantité de calorique absorbée par l'eau des cylindres et des poêles pendant une heure.

U'. Le calorique transmis pendant le même temps pour les surfaces de verres, de murs et de planchers.

U''. Le calorique dont est dépouillé l'air sortant par les bouches de ventilation.

Pour que l'équilibre existe entre les causes d'échauffement et de refroidissement qui tendent à modifier la température intérieure de la salle, il faut évidemment que l'on ait :

$$U = U' + U''. \qquad (1)$$

$$U = \varphi P\,(T - T') + K'\,(T'' - \theta). \qquad (2)$$

$$U' = K\,(T - T''). \qquad (3)$$

$$U'' = \varphi P\,(T - T''). \qquad (4)$$

Substituant ces valeurs dans l'équation (1), on a

$$\varphi P(T-T') + K'(T''-\theta) = (K+\varphi P)(T-T''), \qquad (5)$$

d'où l'on tire

$$T'' = \frac{\varphi PT' + KT + K'\theta}{\varphi P + K + K'}. \qquad (6)$$

En désignant par L la longueur des tubes placés dans l'intérieur des cylindres, par D le diamètre de ces tubes, par V la vitesse d'écoulement de l'air dans ces mêmes tubes, on a, entre T' et θ, la relation que nous avons vérifiée par expérience :

$$\log(T'-\theta) = \log(T-\theta) - \frac{0,0243\,L}{DV}. \qquad (7)$$

Supposons maintenant

$$L = 2,50, \quad D = 0,08 \quad \text{et} \quad V = 1^m,00,$$

on trouve, en mettant ces valeurs dans l'équation (7),

$$T' = 0,174\,T + 0,826\,\theta. \qquad (8)$$

Avant que de mettre cette valeur de T' dans l'équation (6) qui exprime la valeur de T'', il est nécessaire de calculer les valeurs numériques des quantités K, K' et P, qui sont les données de la question.

La quantité K est, comme nous l'avons déjà dit, celle qui exprime la quantité de chaleur qui pénètre dans la masse intérieure de l'air de la salle par les surfaces de verres, de murs et de planchers pendant une heure, et pour un degré de différence entre les températures extérieure et intérieure.

Pour une des grandes salles, celle du 2e étage, par exemple, la surface des verres est de. . . . . $70^m,56$

Celle des murs. . . . . $312^m,44$

Celle du plancher sous comble. . . . . $344^m,70$

Admettant que les coefficients de transmission calorifique, c'est-à-dire que les quantités de chaleur transmises en une heure pour 1 degré de différence entre les températures extérieure et intérieure, et par mètre superficiel de ces différentes surfaces, sont :

3,70 pour les verres,
1,20 pour les murs,
0,80 pour les planchers sous comble, on aura :

$$K = 70,56 \times 3,70 + 312,44 \times 1,20 + 344,70 \times 0,80 = 912.$$

La surface extérieure des quatre cylindres de $0^m,70$ de diamètre et $2^m,50$ de hauteur, jointe à celle des quatre poêles de $0^m,90$ de diamètre sur $1^m,30$ de hauteur, est de $36^m,675$ superficiels.

Le coefficient de transmission de la tôle étant de 15, on a alors

$$K' = 36,675 \times 15 = 550.$$

La quantité d'air entrant par heure dans la salle par les tubes des quatre cylindres est, comme nous l'avons vu plus haut, de 1013 mètres cubes représentant un poids de 1200 kilogr., en supposant que la température extérieure T soit de 24 degrés.

Ainsi nous avons P = 1200 kilogr.

Mettant ces valeurs de K, K', P et T dans les équations (6) et (8), on trouve, toutes réductions faites,

$$T' = 4^m,176 + 0,826. \qquad (9)$$
$$T'' = 13^m,00 + 0,450. \qquad (10)$$

L'eau employée pour remplir les cylindres réfrigérants et les poêles proviendra d'une pompe alimentaire qui fournira en même temps l'eau nécessaire aux autres appareils de chauffage et de ventilation ; on peut admettre qu'au moyen d'une alimentation convenable, cette eau parviendra dans les appareils de rafraîchissement avec une température de 12 degrés.

La quantité de glace à employer sera donc évidemment celle qui serait nécessaire pour abaisser de 12 degrés à θ toute l'eau contenue dans les cylindres et dans les poêles. Or cette quantité d'eau étant de 5000 litres, et la fusion de 1 kilogramme de glace donnant lieu à une absorption de 75 unités calorifiques, il s'ensuit qu'en appelant G la quantité de glace à employer pour abaisser la température de l'eau au degré θ correspondant à la température T'' que l'on veut obtenir, on aura, en observant que la quantité d'eau ci-dessus doit être diminuée du volume occupé par la glace que l'on veut introduire :

$$5,000\,\theta = (5,000 - G) \times 12 - 75\,G,$$

d'où

$$G = 690 - 57,50\,G. \qquad (11)$$

A l'aide des trois expressions (9), (10) et (11), on obtient le tableau suivant, qui donne les valeurs correspondantes de θ, T', T'', et G, en supposant toujours que la température extérieure T est de 24 degrés.

Température de l'eau dans les appareils réfrigérants.	T' Température de l'air sortant des tubes et introduit dans les salles.	T'' Température intérieure de l'air des salles.	G Kilogr. de glace nécessaire pour abaisser la tempé-rature de l'eau.
5°	8,306°	15,25	402,50
6	9,132	15,70	345,00
7	9,958	16,15	287,50
8	10,784	16,60	230,00
9	11,610	17,05	172,50
10	12,436	17,50	115,00
11	13,262	17,95	57,50
12	14,088	18,40	0,00
13	14,914	18,85	0,00
14	15,740	19,30	0,00
15	16,566	19,75	0,00

On voit que, si l'on voulait se dispenser d'avoir recours à l'emploi de la glace, il serait encore possible d'abaisser la température intérieure de la salle de 24 degrés à 18°,40, l'eau fournie par la pompe alimentaire étant à 12 degrés.

Quoique la quantité de glace à consommer pour abaisser au-dessous de 18°,40 la température des salles puisse paraître considérable, néanmoins il sera toujours facile de réaliser l'une des principales améliorations à introduire dans le service sanitaire des hôpitaux, celle de pouvoir, lorsque les circonstances l'exigeront, abaisser autant qu'on le voudra la température des salles, tout en leur procurant par la ventilation un renouvellement d'air capable de contribuer puissamment à leur assainissement.

Consommation de combustible des appareils tant en hiver qu'en été.

Appelons :

K. La quantité totale de chaleur transmise en une heure et pour un degré de différence entre les températures intérieure et extérieure, par les surfaces refroidissantes qui sont les verres, les murs et les planchers.

P. Le poids de l'air s'écoulant par heure par les conduits de ventilation.

T. La température extérieure.

T''. La température intérieure de la salle.

φ. Le nombre 0,267 qui indique la chaleur spécifique de l'air.

U. La quantité totale de chaleur que perd par heure la masse intérieure de l'air.

On aura $U = (K + \varphi P)(T'' - T.)$

Afin de pouvoir donner aux différentes quantités qui entrent dans cette expression leurs valeurs numériques, suivant les conditions de chauffage et de ventilation pour chaque pièce, nous avons dressé le tableau ci-après, indiquant les éléments principaux sur lesquels reposent ces déterminations.

LOCAUX.	Volume de chaque pièce.	Surfaces de verres.	Surfaces de murs.	Surfaces de planchers sous comble.
	Mèt.	Mèt.	Mèt.	Mèt
Grande salle, rez-de-chaussée.	1787,50	75,60	307,40	» »
Idem 1er étage. . . .	1787,50	77,72	305,28	» »
Idem 2e étage. . . .	1753,03	70,56	312,44	344,70
Promenoir, rez-de-chaussée.	600,00	35,10	154,90	120,90
3 chambres de sœurs. . . .	168.00	14,17	27,83	11,20
3 salles à deux lits. . . .	300,75	14,17	120,80	19,25
Cage d'escalier.	894,38	42,52	53,65	34,87

En admettant les coefficients de transmission calorique suivants :

Pour les verres. . $3^m,70$,
Pour les murs . . $1^m,20$,
Pour les planchers. $0^m,80$,

les valeurs de K relatives à chaque pièce seront :

Pour les trois grandes salles ensemble,

Verres.		Murs.		Planchers.		Valeurs de K.
223,88 × 3,70	+	925,12 × 1,20	+	344,70 × 0,80	=	2215

Promenoir, rez-de-chaussée,

$$35,10 \times 3,70 + 154,90 \times 1,20 + 120,00 \times 0,80 = 412$$

Trois chambres de sœurs,

$$14,17 \times 3,70 + 27,83 \times 1,20 + 11,20 \times 0,80 = 175$$

Trois salles à deux lits,

$$14,17 \times 3,70 + 120,80 \times 1,20 + 19,25 \times 0,80 = 351$$

Cage d'escalier,

$$42,52 \times 3,70 + 53,65 \times 1,20 + 54,87 \times 0,80 = 266$$

Poids de l'air entrant par heure dans les différentes salles.

Pour les trois grandes salles, contenant ensemble quatre-vingt-seize lits, la ventilation se fera à raison de 30 mètres cubes par heure et par lit ; ces salles étant chauffées à 15 degrés, le poids total d'air s'écoulant en une heure par les conduits de ventilation sera donc

	Valeurs de P.
égal à $96 \times 30 \times \frac{1,30}{1 + 0,00367 \times 15} =$	3,549 k.
Pour le promenoir, la ventilation se fera à raison de 10 mètres cubes par heure et par lit, ce qui fait un poids de.	1,183 k.
Pour les trois chambres de sœurs :	
Ventilation naturelle par les portes et les fenêtres. .	50 k.
Ventilation à raison de 30 mètres cubes par heure et produisant un poids total de.	225 k.
Pour la cage d'escalier :	
Ventilation naturelle par les portes et les fenêtres. .	90 k.

La température moyenne de sept mois de chauffage (1), octobre,

(1) Voici quelles ont été les températures mensuelles moyennes à Paris, pendant la période de 20 années, de 1806 à 1826 :

	°		°
Janvier. . .	2.05	Juillet. . .	18,61
Février. . .	4,75	Août. . . .	18,44
Mars. . . .	6,48	Septembre.	15,76
Avril. . . .	9,83	Octobre . .	11,35
Mai.	14.55	Novembre .	6,78
Juin	16,97	Décembre .	3,96

Nous eussions désiré pouvoir donner les températures moyennes aux diverses heures du jour pendant les mois qui, à Paris, réclament le secours du chauffage : mais nous n'avons pu nous procurer ce document spécial. Nous nous bornons donc à donner les températures moyennes des heures de *l'année entière*, d'après une observation de 16 années, de 1816 à 1831 :

	°			°	
Minuit . . .	8,5		Midi. . . .	13,50	
1.	8,1		1.	14,1	
2.	7,7		2.	14,47	maximum.
3.	7,4		3.	13.91	
4.	7.13	. . minimum.	4.	13,4	
5.	7,5		5.	12.8	
6.	8,2		6.	12,2	
7.	9,2		7.	11,6	
8.	8,3		8.	10,8	
8 1/3. . .	10,67	. . . moyenne	8 1/3. . .	10,67	moyenne.
9.	11,21		9.	10,19	
10.	12,1		10.	9,7	
11.	12,9		11.	9,1	

novembre, décembre, janvier, février, mars, avril, est à Paris de 6°,46; il s'ensuit que les différences moyennes entre les températures intérieure et extérieure sont :

	Valeurs de $T'' - T$.
Pour les pièces chauffées à 15°,15 — 6,46 =	8,54
Pour les pièces chauffées à 10°,10 — 6,46 =	3,54

On a vu plus haut que, dans une pièce quelconque, la chaleur perdue en une heure par la masse totale de l'air qu'elle renferme a pour expression :

$$(K + \varphi P)\ (T'' - T) = U.$$

Sachant que toutes les salles désignées ci-dessus doivent être chauffées à 15 degrés et la cage d'escalier à 10 degrés, si l'on substitue à K, P et ($T'' - T$) leurs valeurs telles qu'elles sont indiquées ci-dessus, on trouve :

Pour les trois grandes salles,

$$U = (\overset{K}{2215} + \overset{\Phi}{0{,}267} \times \overset{P}{3549}) \times \overset{T''-T}{8{,}54} = \ldots \quad 27008$$

Pour le promenoir,

$$U = (412 + 0{,}267 \times 1183) \times 8{,}54 = \ldots \quad 6216$$

Pour les trois chambres de sœurs,

$$U = (175 + 0{,}267 \times 50) \times 8{,}54 = \ldots \quad 1608$$

Pour les trois salles à deux lits,

$$U = (351 + 0{,}267 \times 222) \times 8{,}54 = \ldots \quad 3504$$

Pour la cage d'escalier,

$$U = (266 + 0{,}267 \times 90) \times 3{,}54 = \ldots \quad 1027$$

Total par heure. . . . 39363

D'après les conditions du programme, les salles de malades, les chambres de sœurs et la cage d'escalier doivent être chauffées et ventilées jour et nuit, et le promenoir ou chauffoir doit être chauffé et ventilé pendant le jour seulement ; il résulte de là que les quantités de chaleur qu'exigent le chauffage et la ventilation de ces différentes pièces seront par jour :

		Unités calorifiques.
Pour les trois grandes salles. .	27 008 × 24 =	648 192
Pour le promenoir	6 216 × 12 =	74 592
Pour les trois chambres de sœurs.	1 608 × 24 =	38 592
Pour les trois salles à deux lits .	3 504 × 24 =	84 096
Pour la cage d'escalier. . . .	1 027 × 24 =	24 648

Les cabinets d'aisances sont au nombre de neuf, ils sont ventilés chacun à raison de 30 mètres cubes par heure; en admettant que la chaleur employée pour effectuer cette ventilation soit égale à celle qui serait nécessaire pour chauffer à 15 degrés un cube d'air équivalent à celui qui s'écoule, la ventilation des neuf cabinets d'aisances produira donc par jour une dépense de calorique représentée par

$$30 \times 9 \times \frac{1,30}{1 + 0,00367 \times 15} \times 8,54 \times 0,267 \times 24 = \quad 18274$$

Premier total. . . 888394

Plus, pour chaleur perdue par les tubes alimentaires et les réservoirs, 1/5e de ce premier total. 177680

Quantité totale de chaleur par jour. . . 1066074

Par suite de la disposition adoptée pour la chaudière, le calorique de la fumée se trouvant beaucoup mieux utilisé que dans tous les appareils de chauffage usités jusqu'à présent, un kilogramme de houille produira au moins 5000 unités de chaleur utile. Ainsi, la quantité totale de houille consommée par jour sera égale à

$$\frac{1066074}{5000} = 213^{k},21.$$

Les 213k,21 de houille, à raison de 45 fr. les 1,000 kilog. donnent une dépense de. . . . . 9 f. 59 c.

Plus 6 fr. pour les deux chauffeurs chargés du chauffage des six pavillons; soit pour un pavillon. . 1 »»

Premier total. . . 10 59

Bénéfice et faux frais 20 p. 0/0 de ce 1er total. . 2 12

Dépense totale par jour pour le chauffage et la ventilation en hiver. 12 71

Et pour 200 jours. . . 2542 11

Dépense de combustible pour le fourneau d'office, les étuves et la distribution d'eau.

Cette dépense peut être évaluée de la manière suivante. Chaque pavillon contient 102 malades. En admettant que, pour chaque malade, il faille une consommation d'eau de 20 litres par jour, la consommation totale d'eau sera de 2,040 litres par jour; la quantité de chaleur nécessaire pour donner à cette eau une température de 100 degrés sera de 2,040 × 100 = ... 204 000

La perte de calorique par les parois de la marmite des trois étuves et du réservoir de distribution d'eau chaude peut être évaluée à 120 000

Total. . . 324 000

Les 324 000 unités calorifiques exigent la combustion d'une quantité de houille exprimée par $\frac{324\,000}{5000} = 64^k,80$.

Les $64^k,80$, à 45 fr. le mille, produisent une dépense par jour de . . . . 2 f. 92 c.

Faux frais et bénéfice 20 p. 0/0. . . . 0 58

Total. . . 3 f. 50 c.

Dépense de combustible pour la ventilation et le service des offices pendant la saison d'été.

Les conduits de ventilation ont en moyenne une section de 0,20 × 0,20; comme il doit s'écouler, par heure, 60 mètres cubes par chacun de ces conduits, la vitesse d'écoulement de l'air sera donc de $0^m,42$ par seconde.

Le cube total d'air pour la ventilation de cet hôpital se compose des éléments ci-après :

Pour les trois grandes salles . .	2,880 mèt. cubes par heure.
Pour le promenoir	1,020
Pour les trois salles à deux lits. .	180
Pour les neuf cabinets d'aisances.	270
Cube total de l'air appelé en une heure.	4,350

Le degré de chaleur que doit avoir l'air appelé dans la chambre d'appel pour prendre dans les conduits une vitesse de $0^m,42$ est un élément principal à déterminer afin de pouvoir en déduire la quantité de chaleur à produire pour qu'il s'établisse, dans la chambre d'appel, un tirage capable de soutirer toute la quantité d'air indiquée ci-dessus et devant s'écouler au dehors. Nous allons donc essayer de déterminer ce degré de température, en nous appuyant sur les données expérimentales les plus rationnelles pour obtenir ce résultat.

Les conduits dans lesquels l'air doit s'écouler se composent chacun de trois parties distinctes :

1° Une partie verticale de 12 mètres en moyenne de hauteur.
2° Une partie horizontale de 12 mètres en moyenne de longueur.
3° Une autre verticale de 7 mètres de hauteur.

La dernière partie de 7 mètres de hauteur est celle qui existe dans la chambre d'appel même, où la température de l'air doit être élevée d'une quantité suffisante pour que le tirage ait lieu.

Appelons :

L. La longueur de la première partie du conduit.
L'. Celle de la deuxième.
L''. Celle de la troisième.
T. La température de l'air extérieur.
T'. La température de l'air dans les première et deuxième parties.
T''. La température de l'air dans la troisième partie.
D. Le côté de la section carrée des conduits.
v. La vitesse moyenne d'écoulement de l'air.
a. Le coefficient de la dilatation des gaz.

La pression génératrice du mouvement sera exprimée par

$$(L+L'') \times \frac{1,30}{1+aT''} - \left(L \times \frac{1,30}{1+aT'} + L'' \times \frac{1,30}{1+aT''}\right) = P. \quad (1)$$

La hauteur génératrice du mouvement étant représentée par h,

on a
$$h + \frac{1,30}{1+a\,T''} = P,$$

d'où
$$h = \left(1 + a\,T''\right)\left(\frac{L+L''}{1+a\,T} - \frac{L}{1+a\,T'}\right) - L''. \quad (2)$$

La perte de hauteur génératrice occasionnée par les frottements peut être représentée par

$$\frac{Kv^2}{D}\left(L + L' + L''\right) = \delta. \quad (3)$$

Le coefficient K déterminé par l'expérience est égal à 0,01 ; en représentant par g le nombre 9,81 qui exprime la vitesse acquise par un corps grave au bout de l'unité de temps, on a

$$\frac{v^2}{2g} = h - \delta. \quad (4)$$

En faisant dans les trois équations (2), (3), (4),

$$L = 12^m ;\ L' = 12^m ;\ L'' = 7^m ;\ T = 20^m ;\ T' = 18^o ;\ D = 0^m,20 ;$$
$$V = 0^m,42 ;\ a = 0,00367 ;\ K = 0,01 ;\ g = 9^m,81 ,$$

on trouve $h = 6,44\ (1 + 0,00367\ T'') - 7,$

$\delta = 0,256,$

$h - \delta = 0,009,$

d'où $T'' = 35^o.$

D'après ce que nous avons dit plus haut, les trois grandes salles, les trois chambres des sœurs, les trois salles à deux lits et les neuf cabinets d'aisances doivent être ventilés jour et nuit. Le cube total d'air appelé par la ventilation de ces localités est de 3330 mètres par heure, produisant, pendant 24 heures, un poids égal à

$$\frac{24 \times 3330 \times 1,30}{1 + 0,00367 \times 18} = 97,463 \text{ kilogr.}$$

Le promenoir ne devant être ventilé que pendant le jour, et à raison de 1,020 mètres cubes par heure, produit par jour un poids total d'air égal à

$$\frac{12 \times 1020 \times 1,30}{1 + 0,00367 \times 18} = 14,927 \text{ kilogr.}$$

Ainsi, par l'effet de la ventilation, le poids total de l'air qui sera extrait des salles sera de $97,463 + 14,927 = 112,390$ kilogr. par jour.

La quantité de chaleur nécessaire pour l'appel de cet air sera de $112,390 \times 0,267 \times (35^o - 18^o) = 510,138$ unités calorifiques.

La production de 510,138 unités calorifiques exige une consommation de combustible égale à

$$\frac{510138}{5000} = 102^k,03.$$

$102^k,03$ de houille, à 45 fr. le mille, produisent une dépense de.	1 f. 59 c.
Temps d'un chauffeur employé pour le service de la ventilation ; une journée pour les six pavillons fait pour un pavillon	» 50
Premier total. . . .	5 09
Faux frais et bénéfice 20 p. 0/0 de ce premier total.	1 01
Dépense totale par jour pour la ventilation d'été, y compris le temps du chauffeur.	6 f. 10 c.

En utilisant au profit de la ventilation la chaleur qui serait perdue par le corps de cheminée, si le fourneau des offices était indépendant des appareils de chauffage et de ventilation, il en résulte une économie de combustible de plus de 80 kilogr. par jour.

Les frais de combustible et d'entretien de tous les appareils de chauffage et de ventilation appartenant à ce projet seront de 250 fr. pour chaque pavillon, y compris le nettoyage et le ramonage des corps de cheminées.

Etudions maintenant ces mêmes dépenses, calculées par lit et par jour, afin de pouvoir les comparer avec celles qui ont lieu dans les hôpitaux de Paris. Conformément aux calculs qui précèdent, la dépense nécessitée par le service de chauffage est pour l'hiver, y compris la ventilation, de. . . . . 2,542 f. »» c.

La ventilation d'été, à raison de 6 fr. 10 c. par jour, produit, pour 165 jours.	1,006	50
La distribution de l'eau chaude, à raison de 3 f. 50 c. par jour toute l'année, produit pour 365 jours.	1,277	50
Frais annuels pour l'entretien des appareils. .	250	»»
Dépense totale annuelle par pavillon. . . .	5,076 f.	»» c.

Chaque pavillon devant contenir 102 malades, il s'ensuit que la dépense par jour et par nuit, déduite de celle ci-dessus, sera égale à

$$\frac{5076}{102 \times 365} = 0^{f},13634.$$

Pour les autres hôpitaux de Paris, la dépense moyenne pour le chauffage des salles est, frais d'entretien des appareils de chauffage compris, de $0^{f},0872$ par jour et par lit, déduction faite des frais de combustible pour le chauffage des pièces habitées par les employés de l'administration.

Nous venons de voir que, pour l'hôpital de la République, cette même dépense s'élèverait à $0^{f},13634$, d'où une augmentation de $0^{f},05114$, qui ne doit point étonner si l'on considère que, dans les hôpitaux de Paris :

1° La capacité cubique affectée à chaque malade est en moyenne de 35 mètres cubes; à l'hôpital de la République, cette même capacité est de 56 mètres cubes ; cette première cause est plus que suffisante, comme on le voit, pour motiver l'augmentation indiquée dans les frais de chauffage du nouvel hôpital.

2° La ventilation peut être considérée comme nulle dans tous les hôpitaux de Paris, tandis que, pour le nouvel hôpital, il y aura une ventilation d'au moins 30 mètres cubes par heure et par malade ; en outre, les cabinets d'aisances et les promenoirs sont ventilés. Comme il est impossible que cette ventilation s'opère sans qu'il en résulte une dépense de combustible proportionnée à la quantité d'air qui s'écoule par la cheminée d'appel, il est indispensable de tenir compte de cette cause puissante d'augmentation dans les frais de combustible.

3° Dans le nouvel hôpital, les salles doivent être chauffées à 15 degrés jour et nuit; dans les hôpitaux de Paris on s'attache à chauffer les salles pendant le jour seulement.

4° La cage d'escalier et les promenoirs doivent être chauffés, ce qui n'a pas lieu dans les autres hôpitaux de Paris.

5° Enfin, des appareils spéciaux sont établis pour la distribution de l'eau chaude à tous les étages. En raison de la facilité avec laquelle cette eau pourra être obtenue, on ne cherchera jamais à en modérer la consommation qui, dès lors, sera bien supérieure à celle qui a lieu dans les autres hôpitaux où il n'existe point d'appareils pour la distribution de l'eau chaude dont l'usage est nécessairement fort restreint à cause de la difficulté même de se la procurer.

Le service de la distribution d'eau chaude occasionne donc encore une nouvelle augmentation dans les frais de combustible du nouvel hôpital.

Afin de faciliter la comparaison des dépenses de combustible des hôpitaux de Paris et de l'hôpital de la République, nous décomposerons les frais de chauffage de ce dernier hôpital, qui doivent s'élever à 5,076 fr. par an et donnant par jour et par lit une dépense de 0 fr. 1363.

INDICATION DES DIFFÉRENTS SERVICES.	Dépense annuelle.	Dépense par jour et par lit.
	fr. c.	fr.
Chauffage et ventilation des salles pendant la saison d'hiver, sans y comprendre le promenoir et la cage d'escalier. . .	2,242 »»	0 0602
Chauffage et ventilation du promenoir; chauffage de la cage d'escalier et ventilation des cabinets d'aisances pendant la saison d'hiver.	300 »»	0 0081
Ventilation des salles pendant la saison d'été, ainsi que du promenoir et des cabinets d'aisances.	1,006 50	0 0270
Distribution d'eau pour le service des salles et des offices pendant l'année entière. .	1,277 50	0 0343
Entretien des appareils.	250 »»	0 0067
Totaux.	5,076 »»	0 1363

Ainsi, les frais de chauffage proprement dits s'élèveraient à 0f,0602 par jour et par lit; mais dans le nouvel hôpital, la capacité cubique attribuée à chaque lit est de 56 mètres cubes, tandis que dans les autres hôpitaux de Paris, cette même capacité n'est que de 35 mètres cubes en moyenne.

Il est donc juste de réduire la quantité 0f,0602 dans le rapport de 35 à 56 pour avoir le prix du chauffage et de la ventilation du nouvel hôpital; s'il était dans les mêmes conditions que les autres hôpitaux de Paris, ce prix se réduirait à

$$\frac{0,0602 \times 35}{56} = 0,0376. \quad . \quad . \quad . \quad . \quad 0,0376$$

En ajoutant les frais d'entretien des appareils. . . 0,0067

on a. 0,0443

Ce prix comprend, il est vrai, encore la ventilation d'hiver, qui, on le sait, est à peu près nulle dans les hôpitaux de Paris; il faudrait donc encore retrancher les frais de combustible que cette ventilation occasionne, pour pouvoir le comparer à la quantité 0,0872 qui exprime la dépense moyenne par jour et par lit dans ces mêmes hôpitaux. Mais sans avoir égard à cette diminution, on voit que les appareils Léon Duvoir donneraient lieu à une dépense de combustible très inférieure à celle de 0,0872
puisque l'on vient de la trouver égale à 0,0443

Ce qui fait une différence de. 0,0429

Cette différence de 0,0429 répartie sur les 612 malades que devra contenir le nouvel hôpital de la République produirait une économie de 26 fr. 25 c. par jour, et, par année, une économie totale de 9,581 fr.

Avantages généraux du système par circulation d'eau chaude.

En récapitulant les considérations exposées dans ce travail, on est conduit aux conclusions générales suivantes:

Le système *par circulation d'eau chaude* est le seul qui, depuis quatorze ans, ait réalisé, sur une large échelle, toutes les conditions exigées d'un bon procédé de chauffage et de ventilation.

Il a remplacé presque tous les autres systèmes usités (au Luxembourg, à l'Institut, etc.); lui seul n'a été remplacé par aucun système rival.

Parmi tous les systèmes employés, il donne l'aération la plus large et la plus régulière, et il assure la température la plus uniforme aux divers niveaux des appartements.

Il est le seul qui ait résolu pratiquement, d'une manière satisfaisante, l'important problème de la ventilation d'été.

Au point de vue de la salubrité, on doit lui attribuer la disparition de la pourriture d'hôpital, des érysipèles et des inflammations couenneuses des plaies du pavillon n° 2 de l'hospice Beaujon : accidents qui continuent d'exercer des ravages dans les autres parties de cet établissement.

De tous les systèmes de chauffage, il est le seul qui n'offre aucun danger d'incendie ni d'explosion ; il s'adapte donc mieux que tout autre aux hospices, hôpitaux et bibliothèques. Depuis quatorze ans qu'il fonctionne dans un nombre considérable d'édifices publics de Paris, il n'a donné lieu ni à des accidents, ni même à des interruptions dans le service, interruption si fréquentes avec les autres systèmes de chauffage.

Enfin, *toutes conditions de température et d'aération étant égales*, le système par circulation d'eau chaude est celui qui donne lieu jusqu'ici aux moindres dépenses d'entretien des appareils, de main-d'œuvre et de consommation de combustible.

Extrait du rapport du conseil général de santé d'Angleterre sur les quarantaines (1).

« Il est constant qu'à l'époque où le système des transportations commença à être adopté, une bonne moitié de ceux qui s'embarquèrent pour les premiers voyages y périrent ; que, dans un voyage plus récent à la Nouvelle-Galles du Sud, sur le *Hillsborough*, 100 passagers moururent sur 306 qui s'étaient embarqués, et à bord d'un autre vaisseau, 61 sur 175. Cependant il n'y avait point eu là de ces négligences que saisit l'observation vulgaire ou qui eussent pu servir de base à une accusation contre ceux sur qui pesait la responsabilité. Les patrons de navires étaient, à n'en pas douter, des hommes honorables, n'ayant aucun mauvais dessein contre la vie des individus confiés à leurs soins, et n'oubliant rien, que ce qu'on oublie communément ; mais l'intérêt dirigeait exclusivement leurs pensées vers le gain. Ils avaient autant de fret que possible, et ils ne voyaient pas pourquoi les déportés ou les émigrants ne se serreraient pas un peu, au risque d'une gêne temporaire, pour faire place à la cargaison.

» Par un simple changement (basé sur le principe de l'intérêt personnel, le plus général, et, lorsqu'il est bien dirigé, le meilleur et le plus efficace de tous), par une légère altération des termes du con-

(1) Nous extrayons textuellement cette note de l'édition française du Rapport publié en 1849 par ordre du gouvernement anglais.

trat, en appliquant le mobile d'où découlent effectivement les véritables moyens préservatifs, c'est-à-dire en stipulant le paiement pour ceux-là seulement qui seraient débarqués vivants, toutes ces horreurs eurent un terme. En peu de temps, la production des épidémies fut prévenue, et des bills de salubrité auraient pu être délivrés à tous les vaisseaux qui auparavant n'y auraient eu aucun droit. D'après un rapport du Comité des transportations, de l'année 1812, il paraît que, de 1795 à 1801, sur 3833 condamnés embarqués, 385 moururent; c'est-à-dire presque 1 sur 10. Mais, depuis 1801, lorsque le principe de responsabilité eut été appliqué, sur 2398 embarqués, il n'en périt que 52, soit 1 sur 46. L'amélioration s'est continuée jusqu'à ce jour, car la mortalité est réduite à 1 1/2 pour 100, c'est-à-dire qu'elle est inférieure à celle des mêmes classes d'individus vivant à terre. Les patrons des navires, sans qu'il fût besoin de lois, sans inspection officielle, sans règlement, payèrent eux-mêmes des médecins, et mirent à la charge de ceux-ci la masse des déportés; ils prouvèrent ainsi combien ils comprenaient l'importance des soins, de la bonne police, et l'efficacité du principe en question, en l'adoptant volontairement et en l'appliquant à chaque médecin, dont la rémunération fut basée sur le nombre des passagers *débarqués vivants* (1).

» Provoqué par l'intérêt personnel, le changement en vertu duquel les chirurgiens furent engagés pour ce service amena les plus grands résultats pratiques quant aux moyens d'assurer la santé et de prévenir les maladies. Dans un des documents sanitaires que nous avons conservés pour en faire la base de la législation, un chirurgien employé sur les vaisseaux de transport décrivait les fatigues de son service pendant les longs voyages, sa privation de sommeil dans les nuits d'orage, les sauts qu'il faisait hors de son hamac pour veiller à ce que les marins harassés, qu'il ne voulait pas abandonner à eux-mêmes, se dépouillassent de leurs vêtements mouillés et se changeassent avant de reposer. Il racontait combien on le complimentait sur son active bienveillance, et il avouait franchement que ce qui méritait d'être loué en lui, c'était sa vigilance pour ses propres intérêts. Un patron humain et intelligent avait fait entrer, disait-il, dans le contrat pour la rémunération, les marins aussi bien que les passagers; et il reconnaissait que c'était là le moyen d'atteindre son but, celui de maintenir leur santé, et de s'épargner à lui-même en

(1) M. le colonel Tulloch, le savant statisticien, à qui nous signalions cette mesure, lors d'une récente excursion à Londres, nous a assuré que, dans certaines villes de la Chine, le service médical est organisé de la même manière, c'est-à-dire que les honoraires des médecins y sont réglés en raison inverse du nombre des malades et des morts. N'y aurait-il pas, là encore, quelque chose à prendre aux Chinois?

même temps l'embarras du traitement pur et simple de la maladie, une fois déclarée; traitement qui est considéré, par suite d'un manque funeste de prévision, comme le seul devoir du chirurgien de qui l'on n'attend pas ordinairement les mesures propres à préserver la santé. »

Explication de la planche ci-contre, représentant le système de chauffage et de ventilation de M. Léon Duvoir.

A. Cloche servant de foyer pour le fourneau à cataplasmes, et chauffant aussi l'eau nécessaire au chauffage et à la ventilation de l'édifice.
- *a.* Foyer chauffant le foyer *ff* et la marmite *b*.
- *c.* Four.
- *d.* Cendrier du foyer A.
- *e.* Cendrier du foyer *a*.
- *ff.* Bouilleur chauffant l'eau destinée au service des salles, et contenue dans le réservoir G.

B. Conduit de fumée du fourneau formant la paroi intérieure de la chaudière destinée à chauffer l'eau nécessaire au chauffage et à la ventilation.

C. Prolongement du tuyau de fumée.

D. Isolement formé autour du tuyau de fumée, où viennent aboutir les tuyaux de ventilation du promenoir et des chambres de sœurs.

F. Étuves pour le service des salles chauffées par l'eau de la chaudière.

G. Réservoir pour la distribution de l'eau chaude.

H. Tube partant du bouilleur *ff*, chauffant l'eau du réservoir G.

I. Tube de distribution partant du réservoir G, et retournant au bouilleur.

J. Robinets de distribution d'eau.

K. Réservoir supérieur servant au chauffage et à la ventilation.

L. Tubes partant de la chaudière et alimentant les deux réservoirs supérieurs.

M. Tubes alimentant les poêles, partant des réservoirs K, et retournant à la chaudière.

N. Cheminée par laquelle s'écoule l'air amené par les conduits de ventilation dans la chambre d'appel chauffée par les deux réservoirs K.

P. Poêles à eau chauffant les salles.

V. Conduits de ventilation ouverts à la partie inférieure en hiver, et en été à la partie supérieure.

O. Bassin de fonte rempli d'eau et recevant les tuyaux de chute des siéges des latrines. Ce bassin, fermant le siphon, empêche l'odeur de la fosse de remonter dans les cabinets.

R. Cuvettes de fonte émaillée.

S. Contre-cuvettes de fonte communiquant avec les conduits de ventilation T, et avec les tuyaux de chute U.

V'. Tuyaux de ventilation en briques, recevant les tuyaux partant des autres cuvettes.

X. Cavité entourant le bassin O, pour que les matières puissent s'écouler dans la fosse.

Annales d'hygiène publique, T. XLVII. pag. 264.

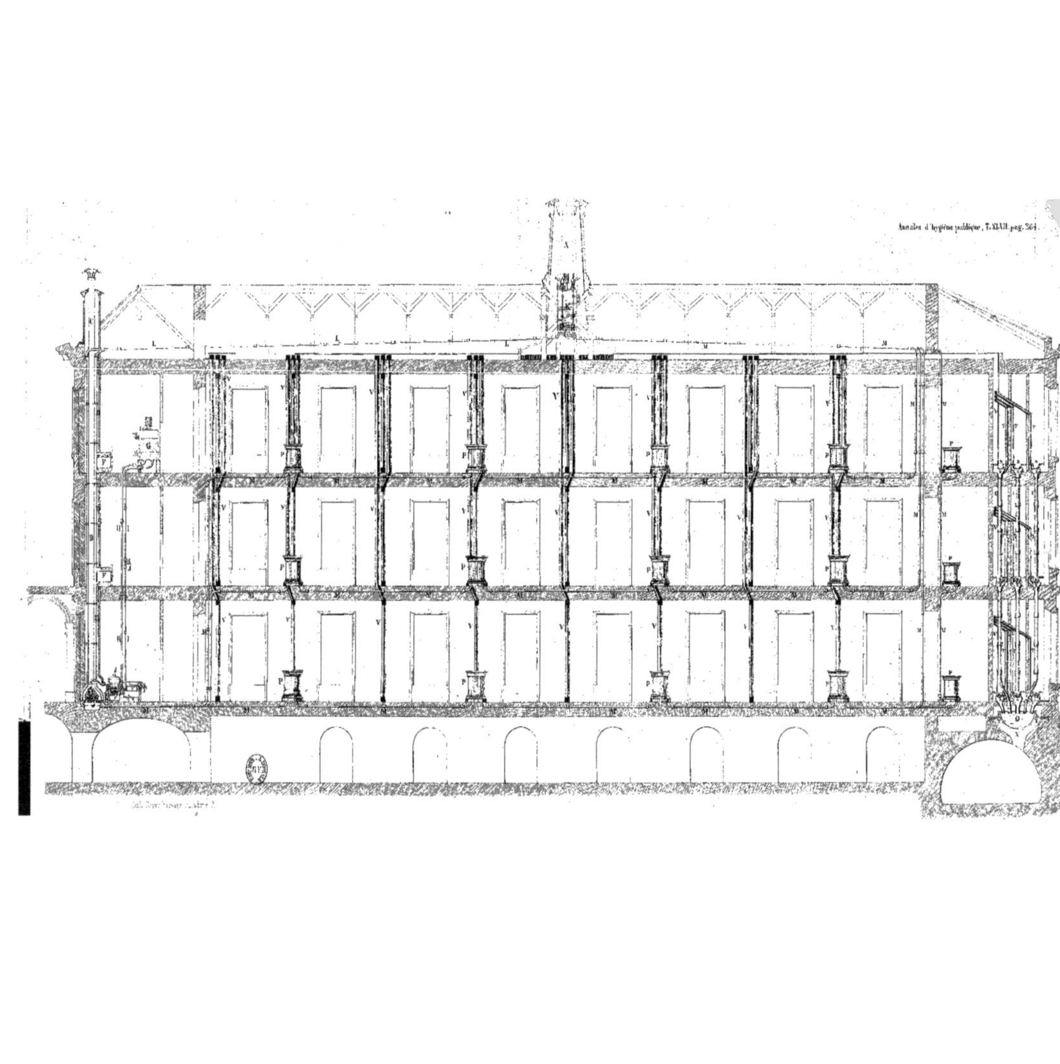

Carte Physique et Météorolog[illegible] Terre[illegible] distribution géographique de la [illegible], [illegible] des Neiges. Adoptée par le Ministère de la Marine. Seconde édition, corrigée et augmentée. Paris, 1852. Une feuille grand colombier. 6 fr.

Carte des Courants Maritimes et de la Température des Mers. Une feuille grand-colombier. Paris, 1852. 5 fr.

Carte Botanique du Globe Terrestre, comprenant la distribution géographique des Peuples. Une feuille grand-colombier. Paris, 1852. 5 fr.

Chaque Carte, collée sur toile, 1 fr. 25 c. en sus.

De la Circulation de l'Eau, considérée comme moyen de Chauffage et de Ventilation des Édifices publics. Avec une planche. Paris, 1852. 3 fr.

Études sur le Chauffage, la Réfrigération et la Ventilation des Édifices publics. Avec une planche. Paris, 1850, in-8. 2 fr. 50 c.

Recherches sur l'Éclairage. Paris, 1851, in-8. 1 fr. 25 c.

Études sur le Pavage, le Macadamisage et le Drainage. Paris, 1851, in-8. 1 fr. 25 c.

Études de Pathologie comparée des Races humaines. Paris, 1849, in-8. 3 fr.

Essai sur les Lois pathologiques de la Mortalité. Paris, 1848, in-8. 1 fr. 50 c.

De l'Homme physique et moral, dans ses rapports avec le double mouvement de la Terre. Paris, 1851, in-8. 2 fr. 50 c.

Du Typhus cérébro-spinal (Méningite cérébro-spinale épidémique). Paris, 1849, in-8. 3 fr.

Études sur la Mortalité et l'Acclimatement de la population française en Algérie. Paris, 1847, in-8. 1 fr. 50 c.

Études statistiques sur les lois de la Population. Paris, 1850, in-8. 1 fr. 50 c.

Statistique de l'état sanitaire et de la Mortalité du Cheval de Cavalerie. Paris, 1850, in-8. 1 fr. 50 c.

Études sur le Recrutement de l'armée. Paris, 1849, in-8. 3 fr.

Hygiène militaire comparée et Statistique médicale des Armées de Terre et de Mer. Paris, 1848, in-8. 3 fr. 50 c.

Statistique de l'état sanitaire et de la Mortalité des Armées, considérées dans des conditions variées de Temps et de Lieux, d'Age, de Race et de Nationalité. Paris, 1846, in-8. 3 fr. 50 c.

Études sur la Thoracentèse. Paris, 1849, in-8. 1 fr. 50 c.

Colonisation française en Algérie. Paris, 1848, in-8. 1 fr. 50 c.

Lettres sur l'Algérie. Paris, 1848, in-8. 2 fr.

Études de Géographie médicale. Paris, 1846, in-8. 2 fr.

Études de Géologie médicale. Sur la Phthisie pulmonaire et de la Fièvre typhoïde, dans leurs rapports avec les localités marécageuses. Paris, 1845, in-8. 2 fr. 50 c.

Essai de Géographie médicale. Paris, 1843, in-8. 3 fr.

Traité des Fièvres intermittentes, rémittentes et continues des Pays chauds et des Contrées marécageuses, suivi de Recherches pratiques sur l'emploi des Préparations arsenicales. Paris, 1842, in-8. 5 fr.

Recherches sur la production et la consommation de la Viande en Europe. Paris, 1850, in-8. 1 fr. 50 c.

Paris. — Imprimerie de L. Martinet, rue Mignon, 2.

www.ingramcontent.com/pod-product-compliance
Ingram Content Group UK Ltd.
Pitfield, Milton Keynes, MK11 3LW, UK
UKHW012107240726
13965UKWH00004B/1613